国家建筑标准设计图集 12G101-4

# 混凝土结构施工图
# 平面整体表示方法制图规则和构造详图
## （剪力墙边缘构件）

批准部门：　中华人民共和国住房和城乡建设部

组织编制：　中 国 建 筑 标 准 设 计 研 究 院



中国计划出版社

图书在版编目（CIP）数据

国家建筑标准设计图集．混凝土结构施工图平面整体表示方法制图规则和构造详图（剪力墙边缘构件）：12G101－4／中国建筑标准设计研究院组织编制．—北京：中国计划出版社，2013.4

ISBN 978－7－80242－833－1

Ⅰ.①国... Ⅱ.①中... Ⅲ.①建筑设计—中国—图集②混凝土结构—工程施工—中国—图集 Ⅳ.①TU206②TU37－64

中国版本图书馆 CIP 数据核字（2013）第 056736 号



国家建筑标准设计图集
混凝土结构施工图
平面整体表示方法制图规则和构造详图
（剪力墙边缘构件）
12G101－4
中国建筑标准设计研究院 组织编制
（邮政编码：100048 电话：010－68799100）
☆
中国计划出版社出版
（地址：北京市西城区木樨地北里甲 11 号国宏大厦 C 座 4 层）
北京国防印刷厂印刷

787mm×1092mm 1/16 2.75 印张 11 千字
2013 年 4 月第 1 版 2013 年 11 月第 3 次印刷
☆
ISBN 978－7－80242－833－1
定价：38.00 元

# 住房和城乡建设部关于批准《混凝土模块式室外给水管道附属构筑物》等14项国家建筑标准设计的通知

## 建质[2012]185号

各省、自治区住房和城乡建设厅，直辖市建委（建交委、规划委）及有关部门，新疆生产建设兵团建设局，总后基建营房部工程局，国务院有关部门建设司：

经审查，批准由北京市市政工程设计研究总院等单位编制的《混凝土模块式室外给水管道附属构筑物》等14项标准设计为国家建筑标准设计，自2013年2月1日起实施。原《内装修—室内吊顶》(03J502-2)、《建筑无障碍设计》(03J926)、《建筑结构设计常用数据》(06G112)、《轴流式通风机安装》(94K101-1)、《玻璃钢屋顶风机基础及安装》(94K101-2)、《离心通风机安装图(A式在钢支架上安装)》(98K101-3)、《风机安装》(05K102)、《35kV及以下电缆敷设》(94D101-5)标准设计同时废止。

附件：国家建筑标准设计名称及编号表

**中华人民共和国住房和城乡建设部**

二〇一二年十二月十四日

“建质[2012]185号”文批准的14项国家建筑标准设计图集号

| 序号 | 图集号 | 序号 | 图集号 | 序号 | 图集号 | 序号 | 图集号 | 序号 | 图集号 | 序号 | 图集号 | 序号 | 图集号 |
|---|---|---|---|---|---|---|---|---|---|---|---|---|---|
| 1 | 12SS508 | 3 | 12SG619-3 | 5 | 12J502-2 | 7 | 12G101-4 | 9 | 12S108-2 | 11 | 12K101-2 | 13 | 12K101-4 |
| 2 | 12J912-2 | 4 | 12K512<br>12R116 | 6 | 12J926 | 8 | 12G112-1 | 10 | 12K101-1 | 12 | 12K101-3 | 14 | 12D101-5 |

《混凝土结构施工图平面表示方法制图规则和构造详图（剪力墙边缘构件）》

# 编审名单

编制组负责人： 吴耀辉

编制组成员： 吴耀辉 李海元 管 桦

审查组长： 沙志国

审查组成员： 白生翔 钱稼茹 陈富生 尤天直 周 笋 罗斌

项目负责人： 刘 敏

项目技术负责人： 沙志国

# 混凝土结构施工图平面整体表示方法制图规则和构造详图

（剪力墙边缘构件）

批准部门　中华人民共和国住房和城乡建设部　　批准文号　建质[2012]185号
主编单位　中国电子工程设计院
　　　　　中国建筑标准设计研究院　　统一编号　GJBT-1226
实行日期　二〇一三年二月一日　　图 集 号　12G101-4

主编单位负责人
主编单位技术负责人
技术审定人
设计负责人

## 目　录

# 总 说 明

1.本图集根据住房和城乡建设部建质[2011]82号“关于印发《二0一一年国家建筑标准设计编制工作计划》的通知”进行编制。

2.本图集是混凝土结构施工图采用建筑结构施工图平面整体设计方法的国家建筑标准设计图集。

平法的表达形式，概括来讲，是把结构构件的尺寸及配筋等，按照平面整体表示方法制图规则，整体直接表达在各类构件的结构平面布置图上，再与标准构造详图相配合，以构成一套完整的结构设计。平法系列图集包括:

11G101-1《混凝土结构施工图平面整体表示方法制图规则和构造详图（现浇混凝土框架、剪力墙、梁、板）》

11G101-2《混凝土结构施工图平面整体表示方法制图规则和构造详图（现浇混凝土板式楼梯）》

11G101-3《混凝土结构施工图平面整体表示方法制图规则和构造详图（独立基础、条形基础、筏形基础及桩基承台）》

11G101-4《混凝土结构施工图平面整体表示方法制图规则和构造详图（剪力墙边缘构件）》

3.本图集标准构造详图的主要设计依据:

《混凝土结构设计规范》GB 50010-2010

《建筑抗震设计规范》GB 50011-2010

《高层建筑混凝土结构技术规程》JGJ 3-2010

《建筑结构制图标准》GB/T 50105-2010

当依据的标准规范进行修订或有新的标准规范发布实施时,应对本图集内容进行复核后选用。

4.本图集为剪力墙边缘构件的平面注写方法，其由剪力墙边缘构件平面注写规则和边缘构件钢筋排布规则两部分内容组成。

5.本图集主要适用于墙厚不大于400mm(双排配筋)的现浇剪力墙结构边缘构件施工图设计;当采用本图集时，设计人员只需在平面图中进行集中标注和原位标注即可，一般情况下，不再绘制边缘构件详图，施工人员可根据本图集中的边缘构件钢筋排布规则进行施工；对于本图集中未包括的边缘构件类型以及形状特别复杂的边缘构件，为便于施工，设计人员应采用截面注写或列表注写方式进行边缘构件设计，因此，本图集应与11G101-1配合使用。

6.本图集的制图规则，既是设计者完成平法施工图的依据，也是施工、监理人员实施平法施工图的依据。

7.本图集中未包括的构造详图，以及其他未尽事项，应由设计者另行设计。

8.当具体工程设计中需要对本图集的标准构造详图作某些变更，设计者应提供相应的变更内容。

9.本图集构造节点详图中钢筋，部分采用深红色线条表示。

10.本图集的尺寸以毫米为单位，标高以米为单位。

11.对本图集使用中发现的问题或者建议，请登录网站http://www.chinabuilding.com.cn,再进入101栏目，通过该栏目与主编单位和主编人联系。

# 平面整体表示方法制图规则

## 1 总则

1.0.1 为了规范使用建筑结构施工图平面整体设计方法，保证按平法设计绘制的结构施工图实现全国统一、确保设计和施工质量，特制定本制图规则。

1.0.2 本图集制图规则主要适用于现浇混凝土剪力墙边缘构件施工图设计。

1.0.3 当采用本制图规则时，除遵守本图集有关规定外，还应符合国家现行有关标准。

1.0.4 现浇混凝土剪力墙边缘构件施工图，可以采用平面注写方式、列表注写、截面注写方式表达各类边缘构件的尺寸和配筋；国家建筑标准设计图集11G101-1已经包含列表注写和截面注写方式，本图集仅对平面注写方式进行规定，是对标准图集11G101-1的补充。因此，本图集应与11G101-1配合使用。

1.0.5 按平法设计绘制结构施工图时，应将边缘构件进行编号，编号中含有类型代号和序号等。其中，类型代号的作用是指明所选用的标准构造详图；在标准构造详图上，已经按其所属构件类型注明代号，以明确该详图与平法施工图中该类型构件的互补关系，使两者结合构成完整的结构设计图。

1.0.6 按平法设计绘制剪力墙边缘构件结构施工图时，应当用表格或其他方式注明包括地下和地上各层的结构层楼（地）面标高、结构层高及相应的结构层号。

其结构层楼面标高和结构层高在单项工程中必须统一，以保证基础、柱与墙、梁、板、楼梯等用同一标准竖向定位。为施工方便，应将统一的结构层楼面标高和结构层高分别放在柱、墙、梁等各类构件的平法施工图中。

注：结构层楼面标高系指将建筑图中的各层地面和各层楼面标高值扣除建筑面层及垫层做法厚度后的标高，结构层号应与建筑楼层号对应一致。

1.0.7 为了确保施工人员准确无误地按照平法施工图进行施工，在具体工程施工图中必须写明以下与平法施工图密切相关的内容：

1. 注明所选用平法标准图的图集号（如本图集号为11G101-4），以免图集升版后在施工中用错版本。

2. 写明混凝土结构的设计使用年限及抗震等级。

3. 注明各构件所采用的混凝土强度等级和钢筋级别，以确定与其相关的受拉钢筋最小锚固长度及最小搭接长度。

4. 注明各构件所处的环境类别，且对混凝土保护层厚度有特殊要求时应予注明。

5. 注明上部结构的嵌固部位位置。

6. 当标准构造详图有多种可选择的构造做法时，应写明在何部位选用何种构造做法。当未写明时，则为设计人员自动授权施工人员可以任意选择一种构造做法进行施工。

7. 当具体工程中有特殊要求时，应在施工图中另行说明。

## 2 剪力墙边缘构件平法施工图制图规则

### 2.1 剪力墙边缘构件平法施工图的表示方法

2.1.1 剪力墙边缘构件平法施工图有三种注写方式：列表注写、截面注写、平面注写。

2.1.2 剪力墙边缘构件平面布置图可采用适当比例单独绘制，也可与连梁平面布置图合并绘制。当剪力墙较复杂时，可采用平面注写与列表注写或截面注写相结合进行边缘构件的绘制。

2.1.3 在剪力墙平法施工图中，应按本规则第1.0.6条的规定注明各结构层的楼面标高、结构层高及相应的结构层号，并应注明上部结构嵌固部位位置。

2.1.4 对于定位轴线未居中的剪力墙（包括端柱），应标注其偏心定位尺寸。

### 2.2 剪力墙边缘构件平面注写方式

2.2.1 剪力墙边缘构件平面注写方式，系在剪力墙平法施工图上，分别在相同编号的剪力墙边缘构件中选取其中一个，在其上注写截面尺寸和配筋数值来表达剪力墙边缘构件的平法施工图；设计人员在边缘构件平面布置图中，应将边缘构件阴影区进行填充，以便施工人员确认边缘构件形状，然后按照本图集中的钢筋排布规则即可完成钢筋的施工。

剪力墙边缘构件平面注写方式包括集中标注与原位标注，边缘构件配筋采用集中标注，边缘构件尺寸采用原位标注。

2.2.2 编号规定：由墙柱类型代号和序号组成，表达形式应符合表2.2.2-1的规定。

边缘构件编号　　表 2.2.2-1

| 边缘构件类型 | 代　号 | 序　号 |
|---|---|---|
| 约束边缘构件 | YBZ | xx |
| 构造边缘构件 | GBZ | xx |

2.2.3 剪力墙边缘构件包括约束边缘构件和构造边缘构件两类。约束边缘构件包括约束边缘暗柱、约束边缘端柱、约束边缘翼墙、约束边缘转角墙四种标准类型（见图2.2.3-1）。

构造边缘构件包括构造边缘暗柱、构造边缘端柱、构造边缘翼墙、构造边缘转角墙四种标准类型（见图2.2.3-2）。

但在实际工程中，存在很多非标准类型的边缘构件，这主要是因为剪力墙开洞或者相邻边缘构件距离太小需要合并而产生。

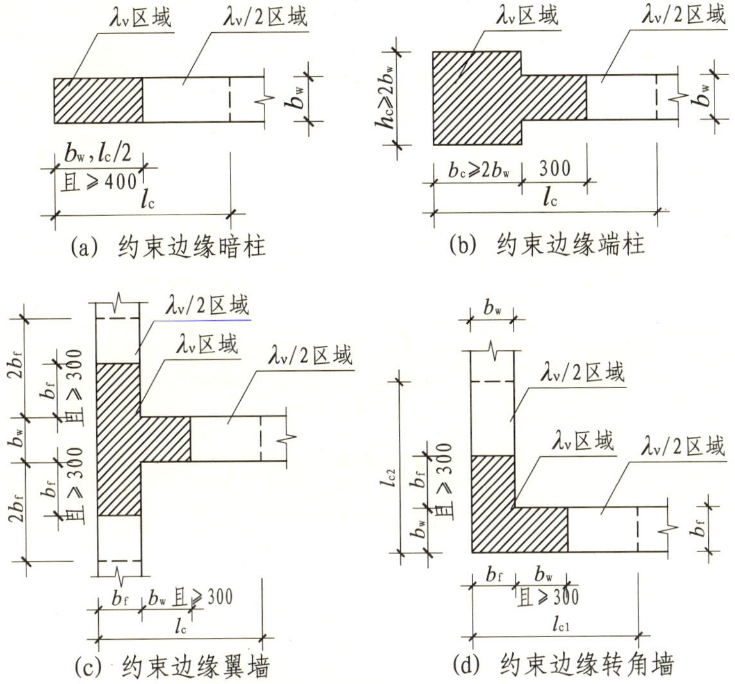


图2.2.3-1 约束边缘构件(标准类型)

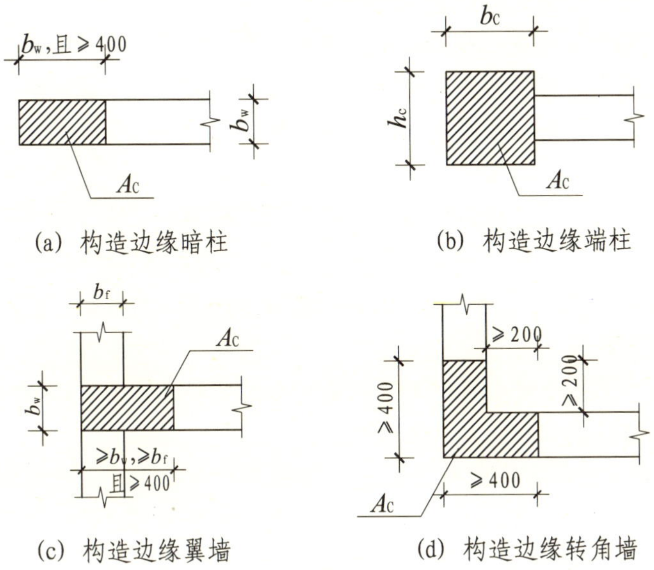


图2.2.3-2 构造边缘构件(标准类型)

2.2.4 本图集剪力墙边缘构件平面注写方式，主要包含两方面内容：

1.集中标注内容：对同一编号的剪力墙边缘构件，如本图集第12页示例中YBZ1，在其中一处集中注写YBZ1的阴影区的纵筋根数、直径、钢筋等级；箍（拉）筋直径、间距、钢筋等级。

2.原位标注内容：原位标注内容包括阴影区尺寸和$l_c$长度；当阴影区中的尺寸符合本图集第14页～第16页中对应的典型尺寸时，典型尺寸可以不注写；当$l_c$长度大于对应的阴影区长度时，均应在原位注写$l_c$长度，反之可不注写$l_c$；编号相同的边缘构件，$l_c$长度可以不同，但阴影区的尺寸和配筋必须相同，如本图集第12页示例中YBZ1。

## 2.3 剪力墙边缘构件钢筋排布规则

钢筋排布规则是本图集最重要的内容之一，其目的是让工程技术人员根据剪力墙边缘构件施工图中的集中注写和原位注写内容，并结合本图集中的钢筋排布规则，即可完成边缘构件的施工。

### 2.3.1 剪力墙边缘构件阴影区纵筋排布规则

以图2.3.1-1～图2.3.1-3所示剪力墙边缘构件为例(图中箍筋仅为示意)，边缘构件阴影区纵筋宜采用同一种直径，且不应超过两种。

当纵筋直径为两种时，大直径纵筋优先布置在Ⓒ钢筋(位于阴影区端部和交叉部位)位置。

当大直径纵筋根数少于Ⓒ钢筋根数时，对于一字型边缘构件和T型构造边缘构件，大直径纵筋优先布置在靠近剪力墙端头位置的Ⓒ钢筋处，对于其他类型边缘构件，大直径纵筋优先布置在交叉位置的Ⓒ钢筋处。

沿墙肢长度方向，边缘构件纵筋宜均匀布置，纵筋间距宜取100～200mm且不大于墙竖向分布筋间距；当墙厚300≤bw≤400时，在墙厚bw方向应增加Ⓒ纵筋（如图2.3.1-1(b)所示）；常见边缘构件纵筋排布规则详见本图集第17～38页。

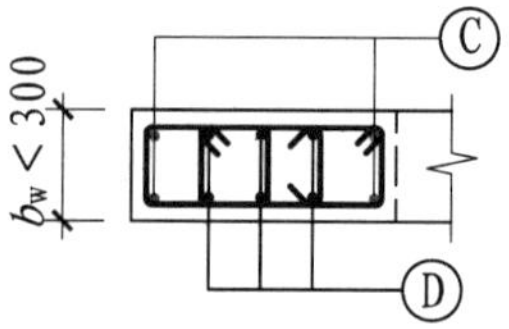


纵筋注写(直径相同时)：12Φ14 ——纵筋根数；——纵筋直径

(a)

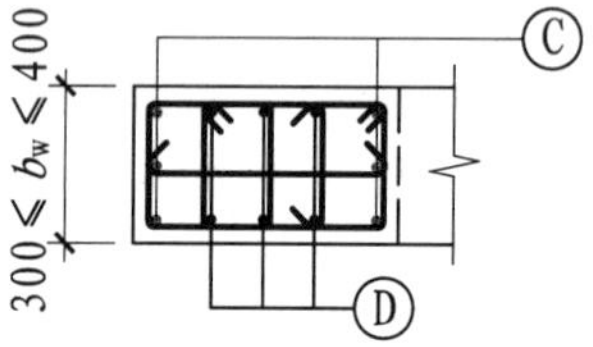


纵筋注写(直径不同时)：6Φ16+6Φ14 ——Ⓒ纵筋根数；Ⓒ纵筋直径；Ⓓ纵筋直径；Ⓓ纵筋根数

(b)

图2.3.1-1 一字形边缘构件纵筋排布规则

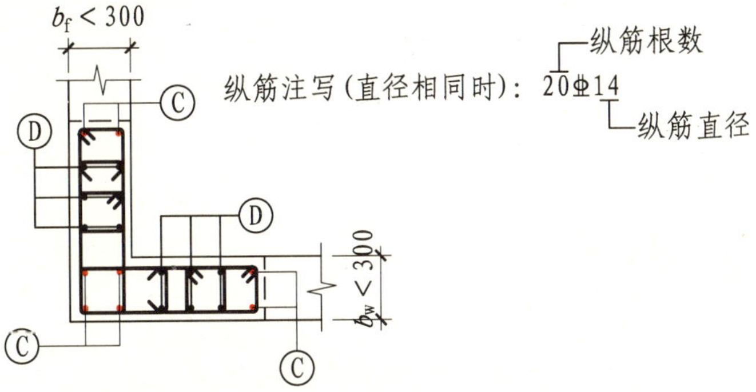


(a)

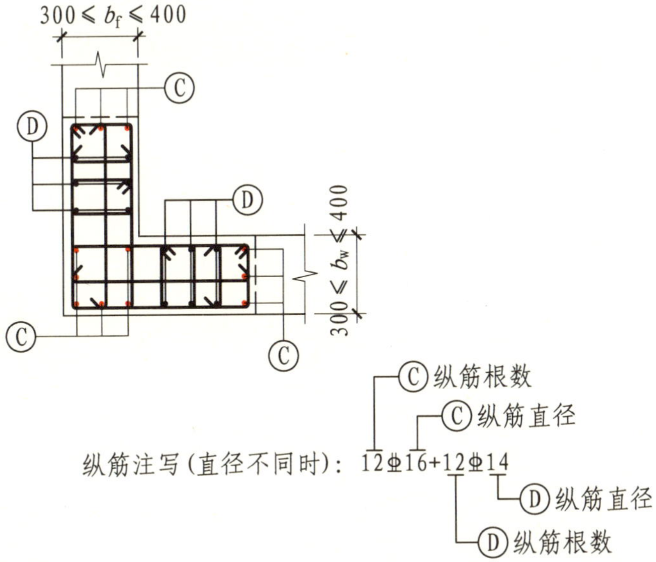


(b)

图2.3.1-2 L形边缘构件纵筋排布规则

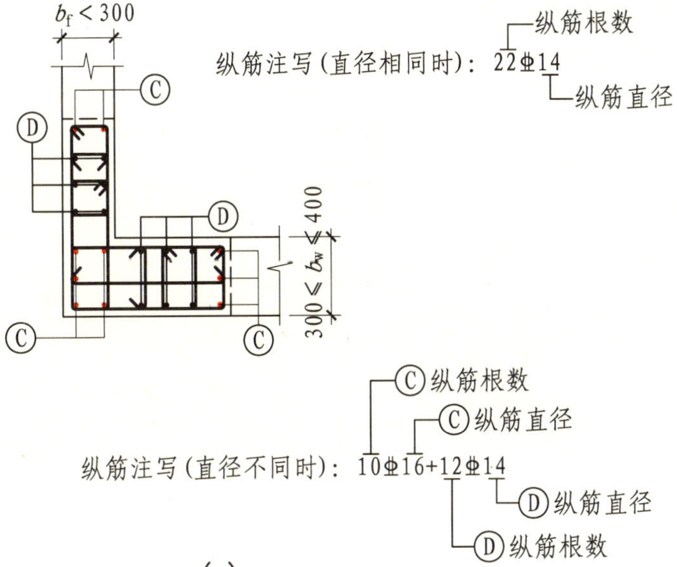


(c)

图2.3.1-2 L形边缘构件纵筋排布规则

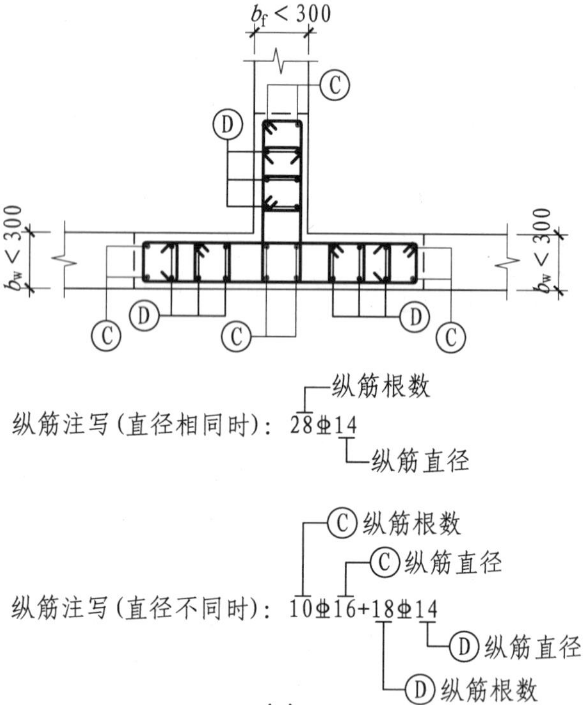


(a)

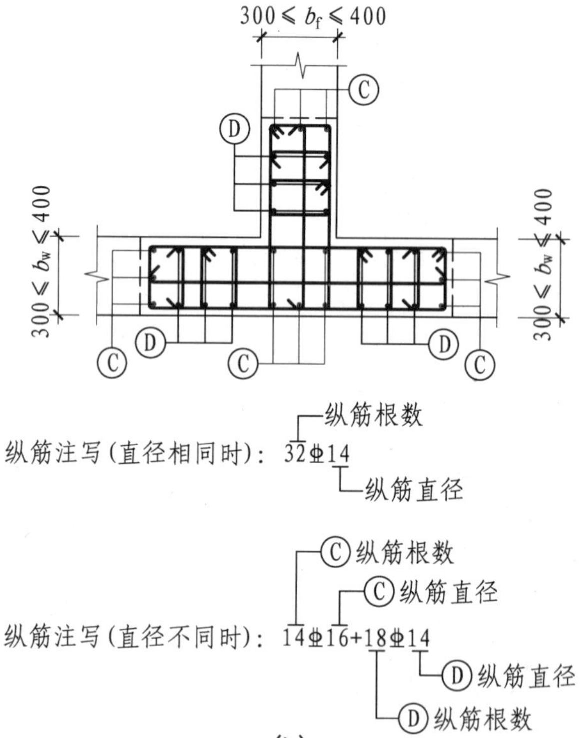


(b)

图2.3.1-3 T形边缘构件纵筋排布规则

图2.3.1-3 T形边缘构件纵筋排布规则

2.3.2 剪力墙边缘构件阴影区箍（拉）筋排布规则

1.约束边缘构件采用箍筋或拉筋逐排拉结,根据Ⓓ钢筋拉结方式不同，分为类型A和类型B,以图2.3.2-1所示约束边缘构件为例；当采用类型A时，若$l_1>3l_2$,则与Ⓓ钢筋拉结的拉筋应同时钩住纵筋和外围箍筋。

图2.3.2-1（e）、图2.3.2-1（f）中的拉筋宜在远离边缘构件阴影区端头布置。

在结构施工图中，设计人员应注明约束边缘构件Ⓓ钢筋的拉结方式;常见边缘构件的箍（拉）筋排布规则详见本图集第17～38页。

2.构造边缘构件中,Ⓓ钢筋一般采用“隔一拉一”原则用箍（拉）筋拉结,且箍(拉)筋水平向肢距≤300mm,以图2.3.2-2所示构造边缘构件为例;

其中，图2.3.2-2（a）、图2.3.2-2（b）适用于Ⓓ钢筋为奇数排时；图2.3.2-2（c）、图2.3.2-2（d）适用于Ⓓ钢筋为偶数排时;常见边缘构件的箍（拉）筋排布规则详见本图集第17～38页。

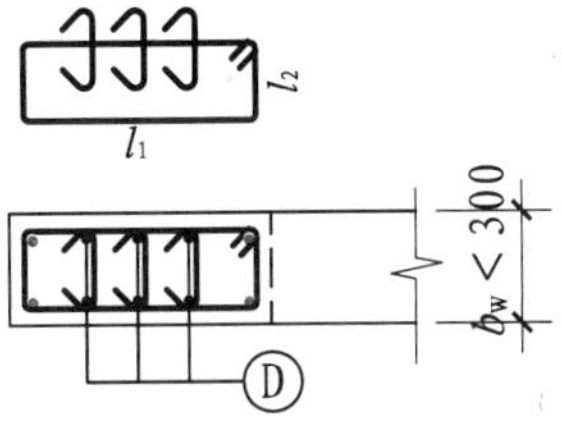


(a)

(类型A: D钢筋拉筋拉结)

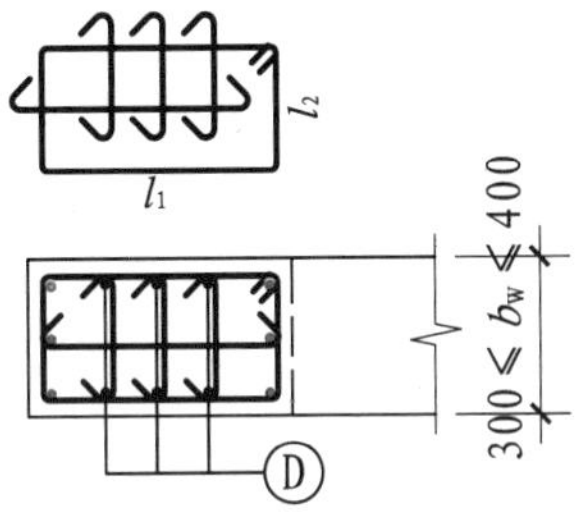


(b)

(类型A: D钢筋拉筋拉结)

图2.3.2-1 约束边缘构件箍（拉）筋排布规则

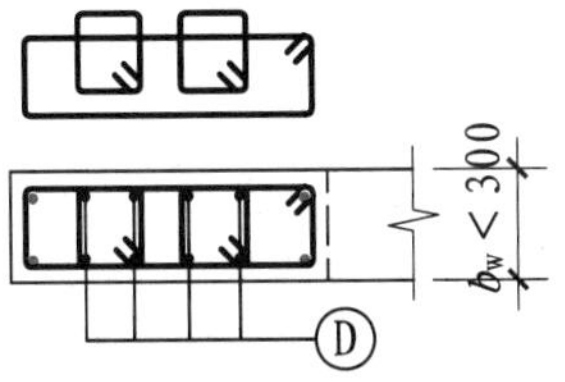


(c)

(类型B: 箍筋拉结,D为偶数排)

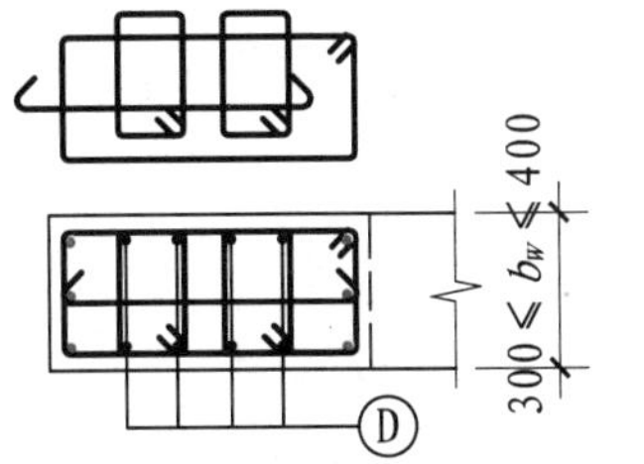


(d)

(类型B: 箍筋拉结,D为偶数排)

图2.3.2-1 约束边缘构件箍（拉）筋排布规则

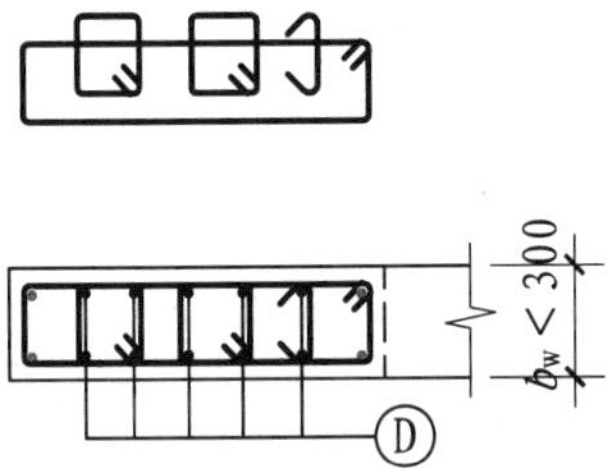


(e)

(类型B: 箍筋拉结,D为奇数排)

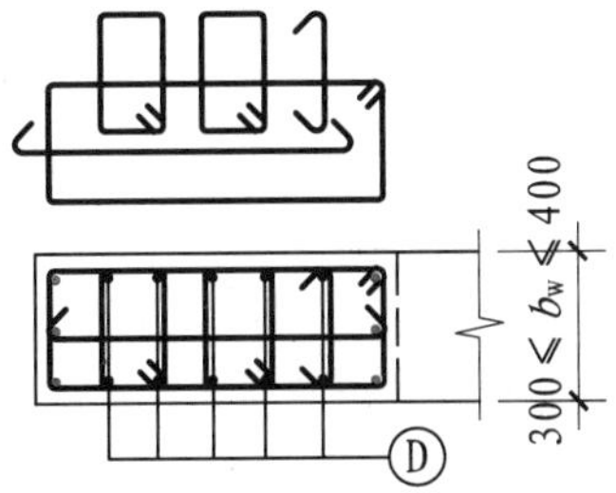


(f)

(类型B: 箍筋拉结,D为奇数排)

图2.3.2-1 约束边缘构件箍（拉）筋排布规则

3. 边缘构件阴影区箍（拉）筋宜采用同种直径，且不应超过两种，以图2.3.2-3所示边缘构件为例；当箍（拉）筋直径不同时，直径较大的箍（拉）筋Ⓖ与纵筋Ⓒ拉结，直径较小的箍（拉）筋Ⓛ与纵筋Ⓓ拉结。

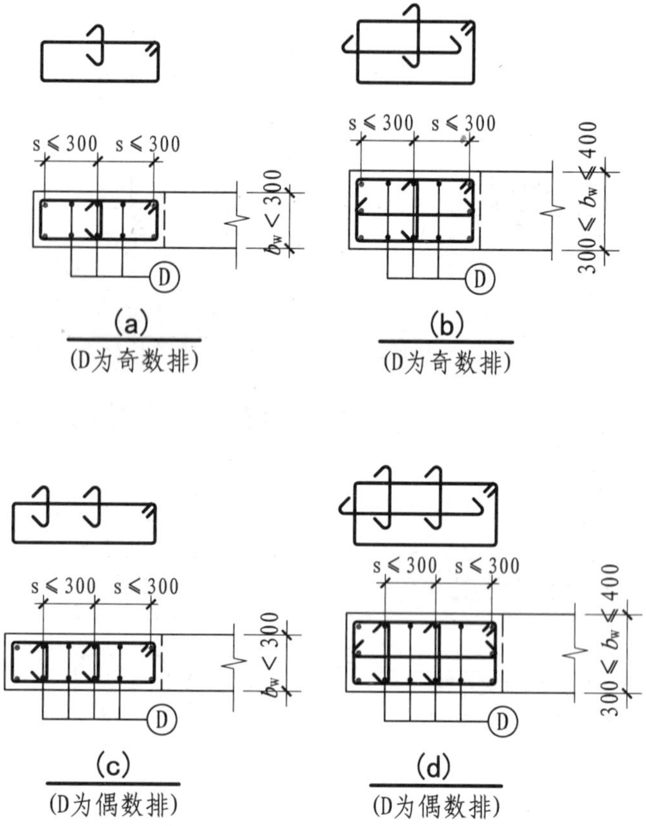

图2.3.2-2 构造边缘构件箍（拉）筋排布规则

(a) （D为奇数排）
(b) （D为奇数排）
(c) （D为偶数排）
(d) （D为偶数排）

箍（拉）筋注写（直径相同时）：Φ10@100B
 └─ 箍（拉）筋直径
 └─ Ⓓ 纵筋拉结类型
 └─ 箍（拉）筋间距

箍（拉）筋注写（直径不同时）：Φ10/8@100B
 └─ Ⓖ 箍（拉）筋直径
 └─ Ⓓ 纵筋拉结类型
 └─ 箍（拉）筋间距
 └─ Ⓛ 箍（拉）筋直径

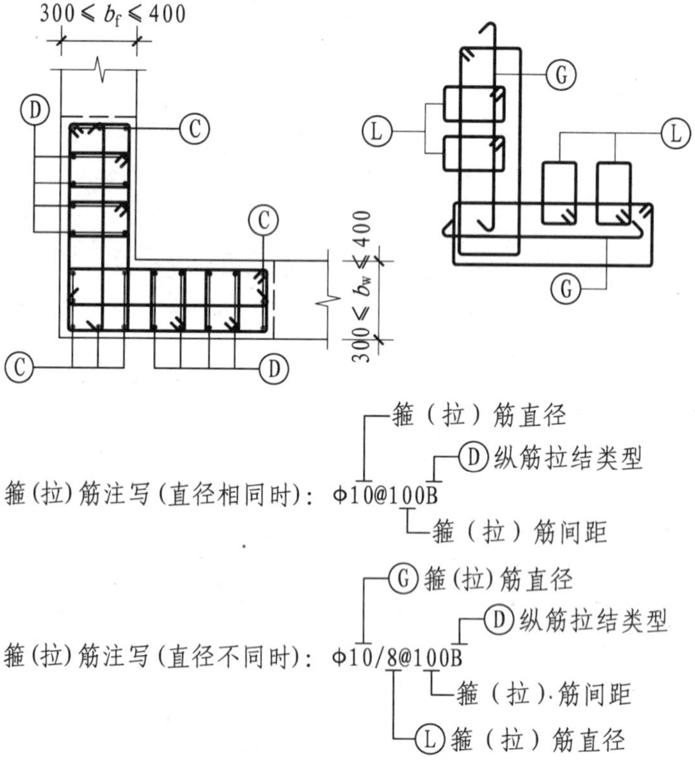

图2.3.2-3 边缘构件箍（拉）筋平面注写规则

## 剪力墙边缘构件平法施工图制图规则

图集号 12G101-4

页 10

2.3.3 剪力墙约束边缘构件非阴影区箍（拉）筋排布规则

约束边缘构件非阴影区可采取在剪力墙竖向和水平向钢筋相交的每个交点处设置拉筋进行拉结(如示例图2.3.3)，拉筋应同时钩住剪力墙竖向和水平向钢筋；在满足体积配箍率前提下，非阴影区拉筋直径宜同约束边缘构件阴影区箍(拉)筋直径；当阴影区箍(拉)筋直径不同时，非阴影区拉筋直径同阴影区箍(拉)筋的较大值，反之，设计人员应注明非阴影区拉筋直径并满足体积配箍率要求。

2.4 注意事项

2.4.1 当约束边缘构件体积配箍率计入剪力墙水平分布筋时，设计者应注明。此时还应注明墙身水平分布筋在阴影区域内设置的拉筋。施工时，墙身水平分布钢筋应注意采用相应的构造做法。

2.4.2 当非阴影区外圈设置箍筋时，设计者应注明箍筋的具体数值及其余拉筋。施工时，箍筋应包住阴影区内第二列竖向纵筋（见11G101-1第71页图）。

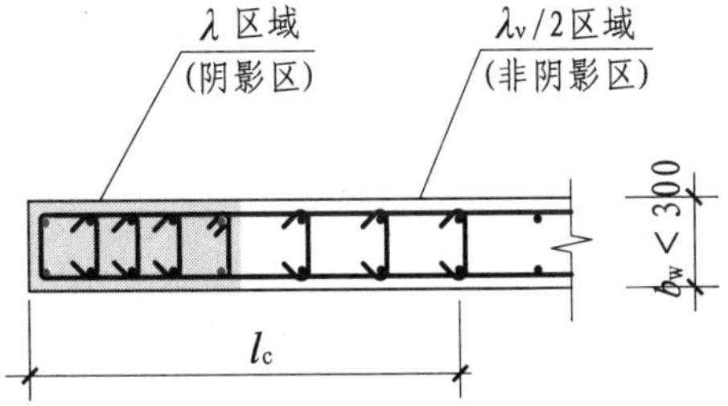


图2.3.3 约束边缘构件非阴影区拉筋拉结

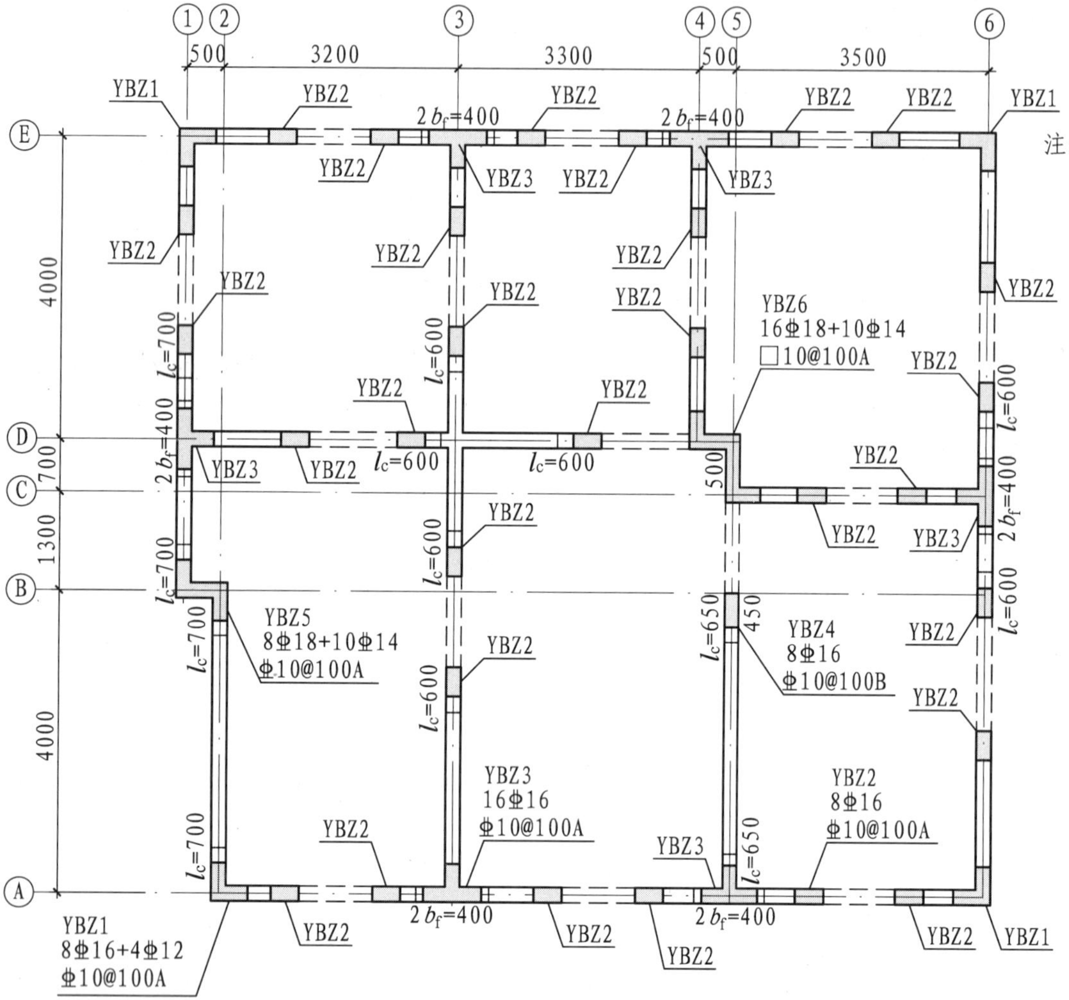


-0.030～12.270约束边缘构件平法施工图

注：1. 约束边缘构件非阴影区采用拉筋拉结，拉筋直径同阴影区箍筋直径。

2. 边缘构件的$l_c$长度不大于对应墙肢的阴影区长度时，可不在原位注写$l_c$长度。

3. 当约束边缘构件的形状比较复杂，不属于常见类型的约束边缘构件时，可采用截面注写或列表注写方式绘制边缘构件阴影区配筋详图。

4. 本图集第14～15页约束边缘构件的典型尺寸，在边缘构件平法施工图中可以不标注，默认情况即为相应的典型尺寸。

5. 本示例中洞口两侧墙肢按两片独立墙肢分别计算$l_c$长度；在实际工程中，设计人员应根据剪力墙开洞情况去判断开洞后剪力墙的受力特性；对于小开口剪力墙等整体受力的剪力墙，应将洞口两侧的剪力墙看成一片墙进行$l_c$计算，对洞口四周按墙开洞采取加强措施即可。

| 剪力墙边缘构件平法施工图平面注写方式示例 | | | | | | | 图集号 | 12G101-4 |
|---|---|---|---|---|---|---|---|---|
| 审核 | 吴耀辉 | 吴耀辉 | 校对 | 李海元 | 李海元 | 设计 管桦 管桦 | 页 | 12 |

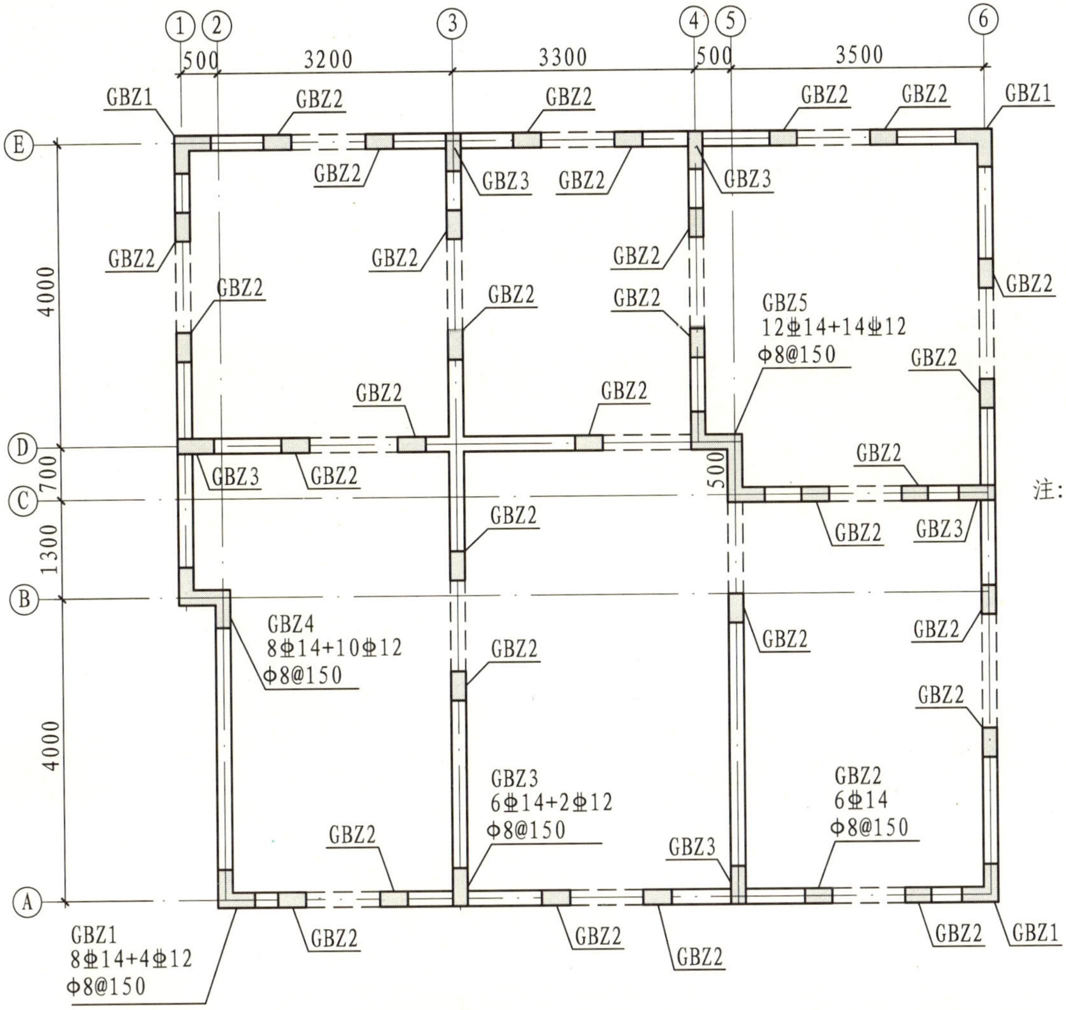


注：1. 当构造边缘构件的形状比较复杂，不属于常见类型的构造边缘构件时，可采用截面注写方式绘制边缘构件阴影区配筋详图。

2. 本图集第16页构造边缘构件的典型尺寸，在边缘构件平法施工图中可以不标注，默认情况即为相应的典型尺寸。

## 12.270～42.270构造边缘构件平法施工图

| 剪力墙边缘构件平法施工图平面注写方式示例 | | | | | | | 图集号 | 12G101-4 |
|---|---|---|---|---|---|---|---|---|
| 审核 | 吴耀辉 | 吴耀辉 | 校对 | 李海元 | 李海元 | 设计 管桦 管桦 | 页 | 13 |

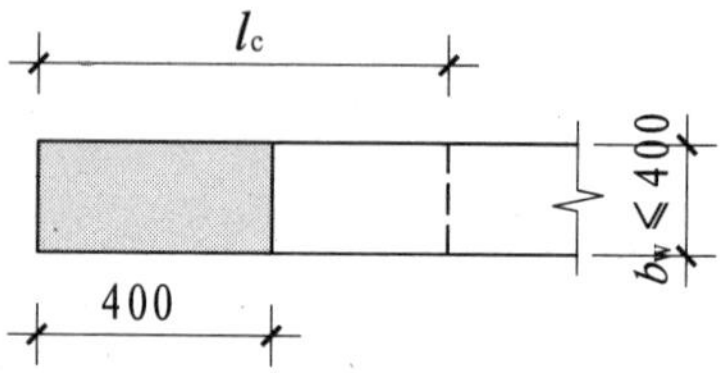


图1 一字形

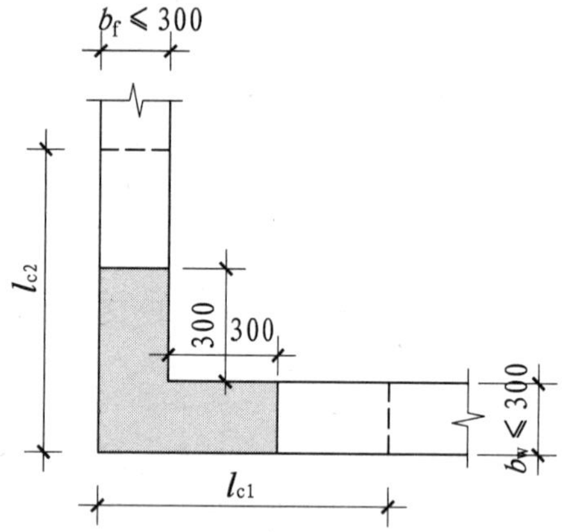


图2 L形

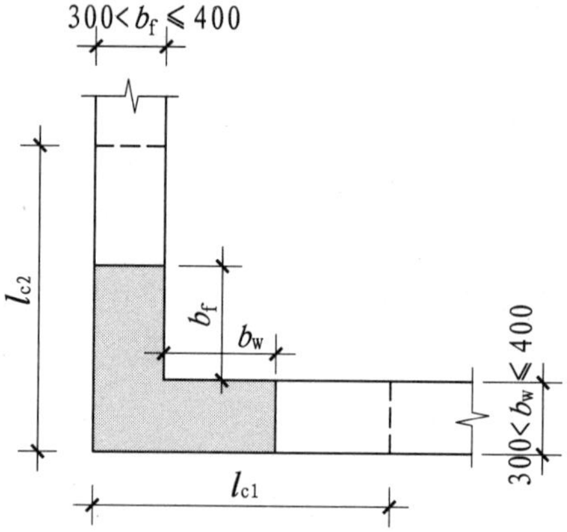


图3 L形

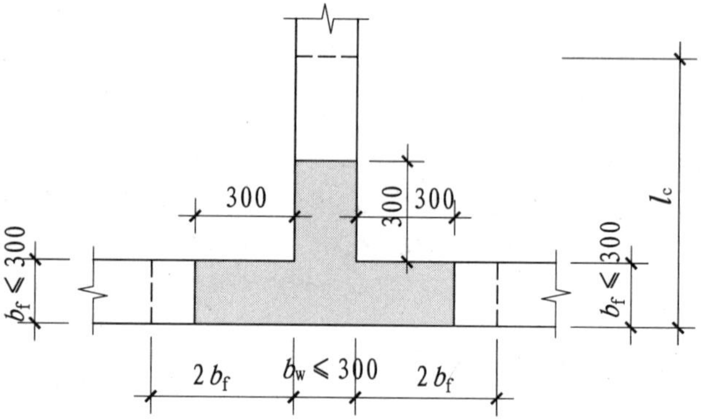


图4 T形

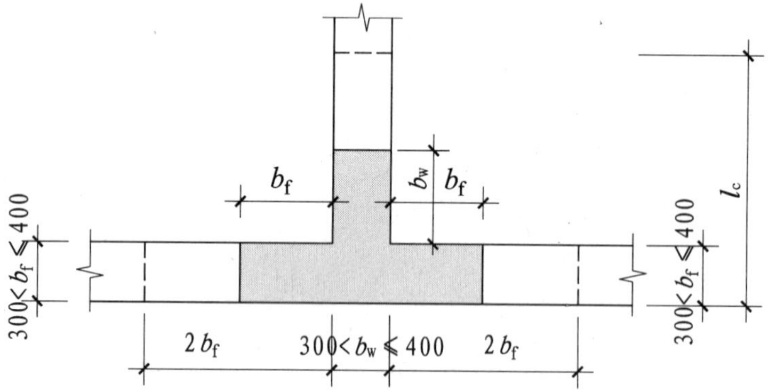


图5 T形

注：1. 阴影区尺寸满足图1～图5要求的边缘构件，其阴影区尺寸在平面图中可以不标注，仅根据墙厚即可确定相应的阴影区尺寸。

| 约束边缘构件典型尺寸（阴影区） | | | | | | | | 图集号 | 12G101-4 |
|---|---|---|---|---|---|---|---|---|---|
| 审核 | 吴耀辉 | 吴耀辉 | 校对 | 李海元 | 李海元 | 设计 | 管桦 | 页 | 14 |

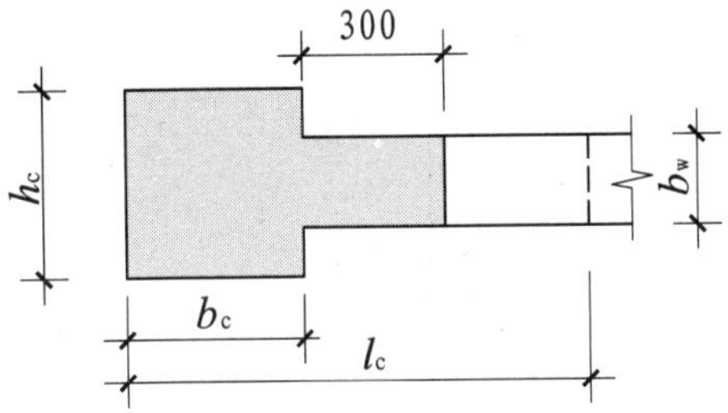


图1 端柱

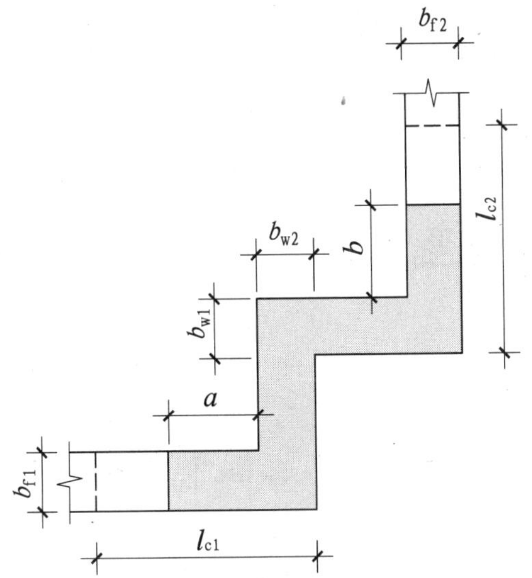


图2 W形

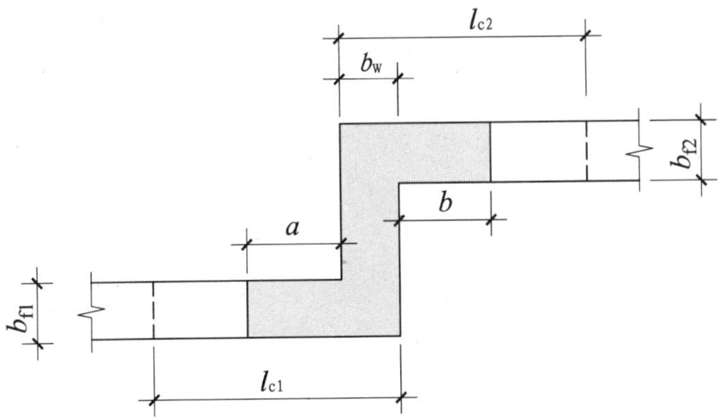


图3 Z形

注：1. 图1所示约束端柱阴影区长度300mm，在边缘构件平面图中，可不标注，未特殊注明即为300mm。

2. 图2和图3中，当 $b_{f1} \leqslant 300$mm时，$a$取300mm；当 $300\text{mm} \leqslant b_{f1} \leqslant 400$mm时，$a$取$b_{f1}$。

3. 图2和图3中，当 $b_{f2} \leqslant 300$mm时，$b$取300mm；当 $300\text{mm} \leqslant b_{f2} \leqslant 400$m时，$b$取$b_{f2}$。

4. 图2和图3中$a$、$b$尺寸满足注2和注3要求时，在边缘构件平面图中可不标注，仅根据墙厚即可确定对应的$a$、$b$尺寸。

| 约束边缘构件典型尺寸（阴影区） | | | | | | | 图集号 | 12G101-4 |
|---|---|---|---|---|---|---|---|---|
| 审核 | 吴耀辉 | 吴耀辉 | 校对 | 李海元 | 李海元 | 设计 管桦 管桦 | 页 | 15 |

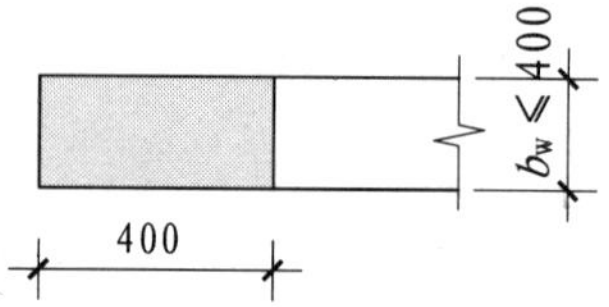


图1 一字形

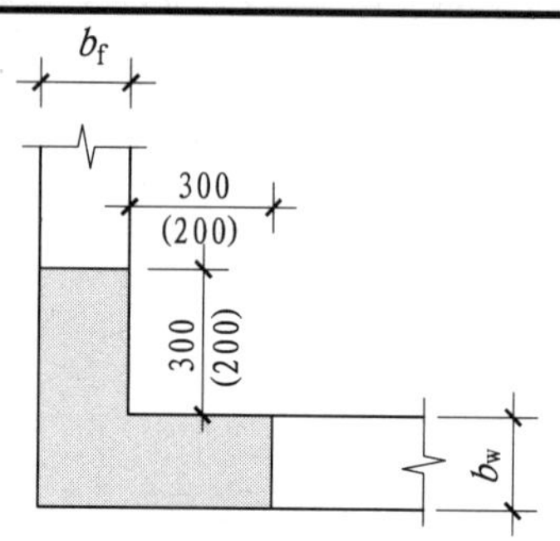


图2 L形

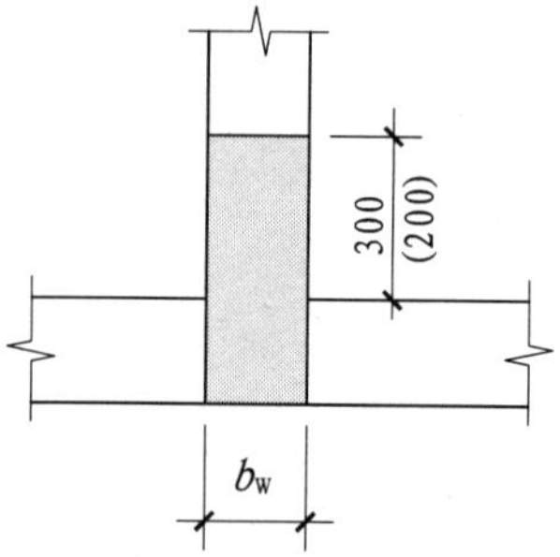


图3 T形

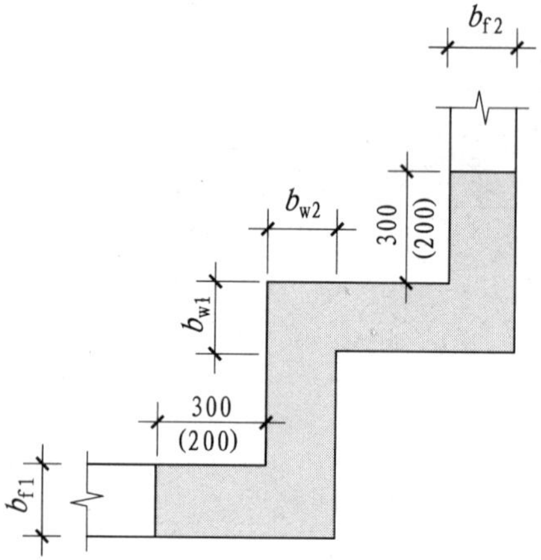


图4 W形

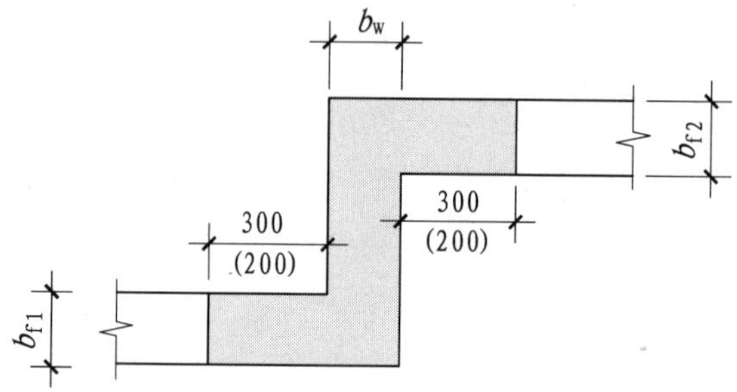


图5 Z形

注：1. 图1中阴影区长度400mm，在构造边缘构件平面图中可不标注，默认情况即为400mm。

2. 对于高层建筑，图2～图5中阴影区长度300mm，在构造边缘构件平面图中可不标注，默认情况即为300mm。

3. 对于设计明确交代可以不遵守《高层建筑混凝土结构技术规程》JGJ 3-2010中有关剪力墙构造边缘构件要求的建筑，图2～图5中括号内尺寸200mm，在构造边缘构件平面图中可不标注，默认情况即为200mm。

| | | | | | | | | | |
|---|---|---|---|---|---|---|---|---|---|
| 构造边缘构件典型尺寸（阴影区） | | | | | | | | 图集号 | 12G101-4 |
| 审核 | 吴耀辉 | 吴耀辉 | 校对 | 李海元 | 李海元 | 设计 | 管桦 | 管桦 | 页 | 16 |

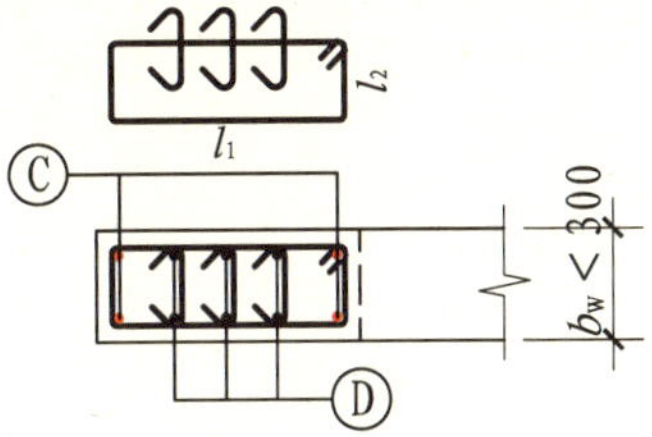


**图1 拉筋拉结**
(类型A)

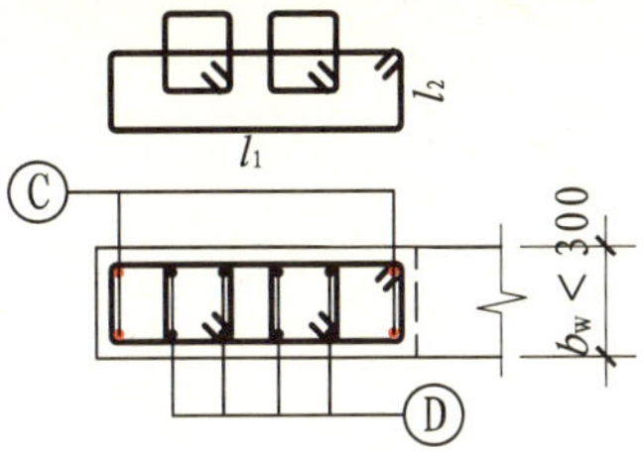


**图3 箍筋拉结**
(类型B: Ⓓ为偶数排)

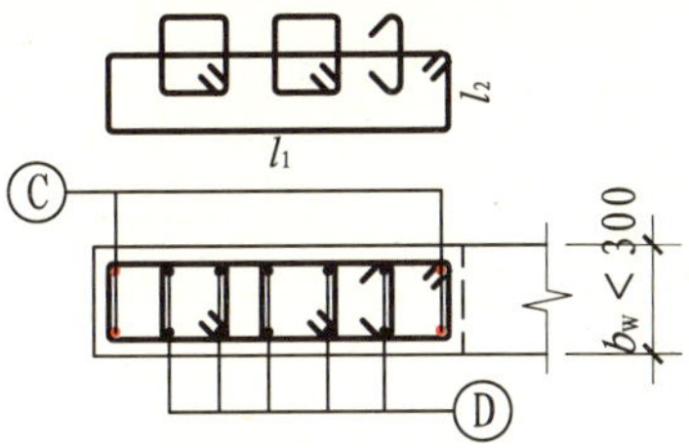


**图5 箍筋+1个拉筋拉结**
(类型B: Ⓓ为奇数排)

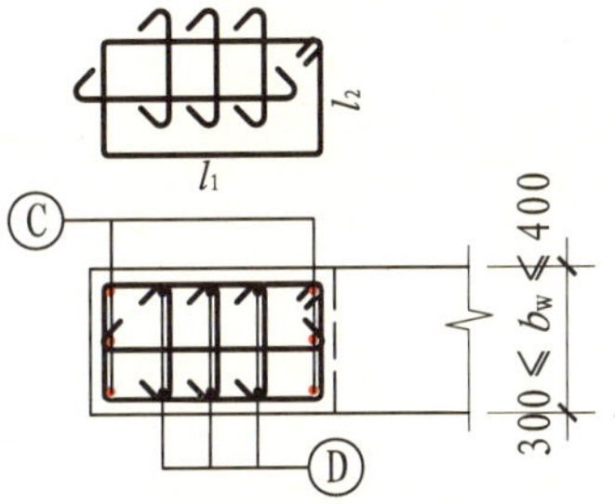


**图2 拉筋拉结**
(类型A)

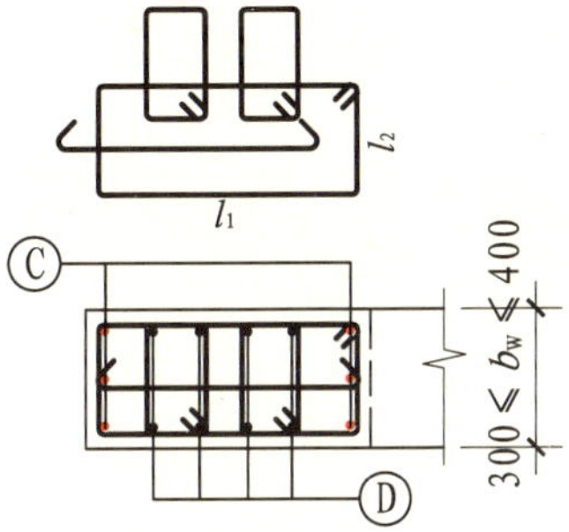


**图4 箍筋拉结**
(类型B: Ⓓ为偶数排)

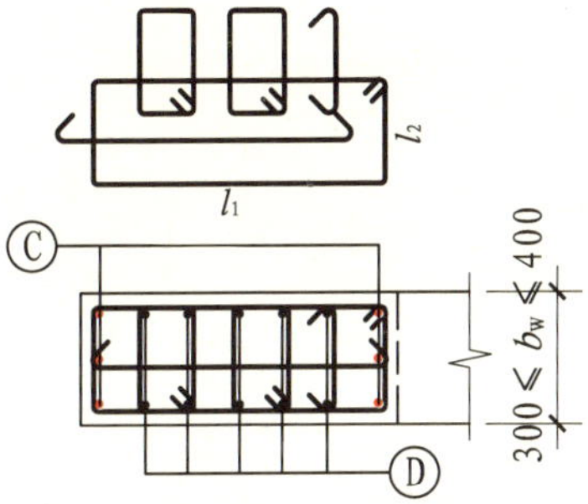


**图6 箍筋+1个拉筋拉结**
(类型B: Ⓓ为奇数排)

注:1. 图中红色Ⓒ纵筋为端部纵筋,当边缘构件纵筋直径不同时,大直径纵筋应优先配置在Ⓒ位置。
2. Ⓓ纵筋应均匀布置,间距宜取100~200mm,一般不大于剪力墙竖向分布筋间距。
3. 图1、图2为Ⓓ纵筋全部采用拉筋拉结,当$l_1 > 3l_2$时,拉筋应同时钩住纵筋和外围箍筋。
4. 图3、图4为当Ⓓ纵筋为偶数排时,全部采用箍筋拉结。
5. 图5、图6为当Ⓓ纵筋为奇数排时,除其中一排纵筋采用拉筋,其余采用箍筋拉结。
6. 设计人员应指明A、B的具体类型。

| 一字形约束边缘构件钢筋构造 | | | | | | | | 图集号 | 12G101-4 |
|---|---|---|---|---|---|---|---|---|---|
| 审核 | 吴耀辉 | 吴耀辉 | 校对 | 管桦 | 管桦 | 设计 | 李海元 | 李海元 | 页 | 17 |

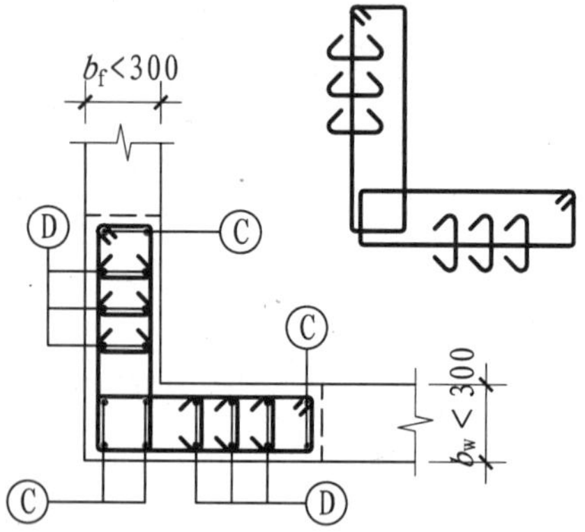


## 图1 拉筋拉结

(类型A)

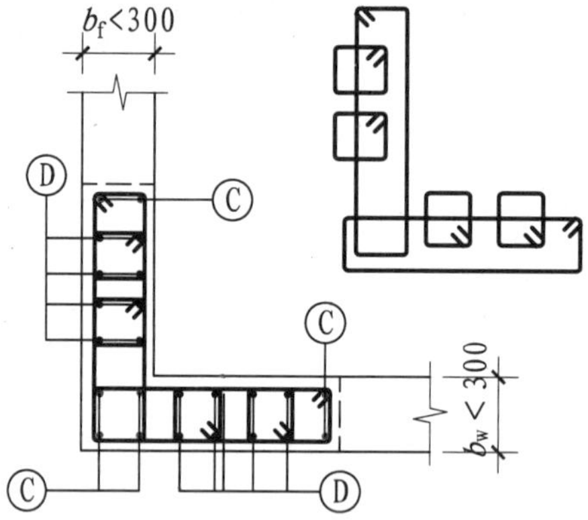


## 图2 箍筋拉结

(类型B: Ⓓ为偶数排)

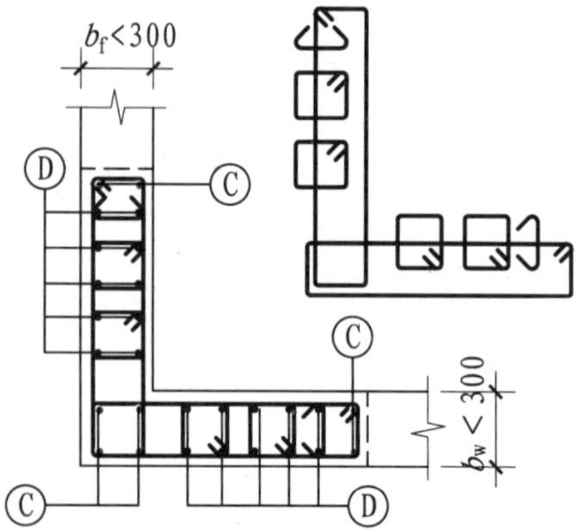


## 图3 箍筋+1个拉筋拉结

(类型B: Ⓓ为奇数排)

注: 1. 图中红色Ⓒ纵筋为端部纵筋和交叉部位纵筋，当边缘构件纵筋直径不同时，大直径纵筋应优先配置在Ⓒ位置。
2. Ⓓ纵筋应均匀布置，间距宜取100～200mm，一般不大于剪力墙竖向分布筋间距。
3. 图1为Ⓓ纵筋全部采用拉筋拉结。
4. 图2为当Ⓓ纵筋为偶数排时，全部采用箍筋拉结。
5. 图3为当Ⓓ纵筋为奇数排时，除其中一排纵筋采用拉筋，其余采用箍筋拉结。
6. 设计人员应指明A、B的具体类型。

| | | | | | | | | |
|---|---|---|---|---|---|---|---|---|
| L形约束边缘构件钢筋构造 | | | | | | | 图集号 | 12G101-4 |
| 审核 | 吴耀辉 | 吴耀辉 | 校对 | 管桦 | 管桦 | 设计 | 李海元 李海元 | 页 18 |

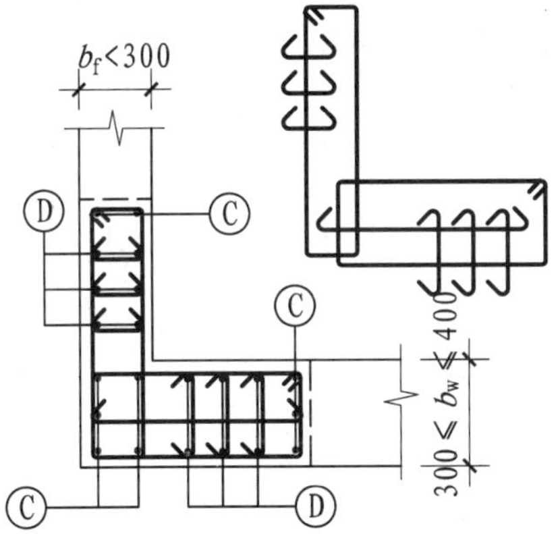


图1 拉筋拉结

（类型A）

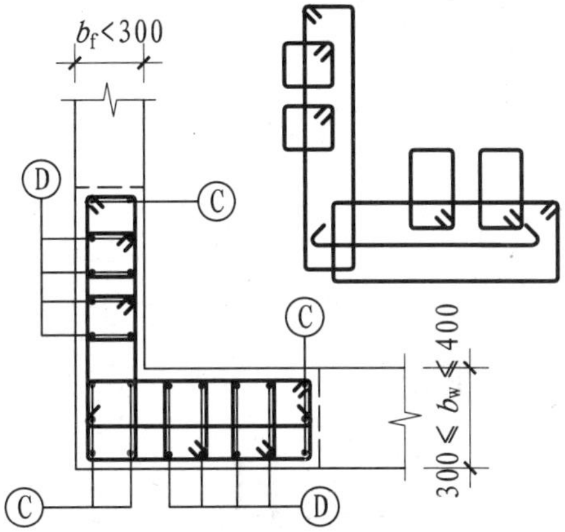


图2 箍筋拉结

（类型B: Ⓓ为偶数排）

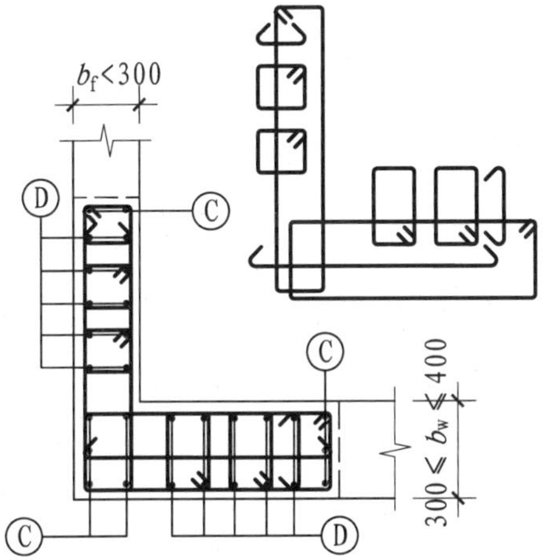


图3 箍筋+1个拉筋拉结

（类型B: Ⓓ为奇数排）

注：1. 图中红色Ⓒ纵筋为端部纵筋和交叉部位纵筋，当边缘构件纵筋直径不同时，大直径纵筋应优先配置在Ⓒ位置。

2. Ⓓ纵筋应均匀布置，间距宜取100～200mm，一般不大于剪力墙竖向分布筋间距。

3. 图1为Ⓓ纵筋全部采用拉筋拉结。

4. 图2为当Ⓓ纵筋为偶数排时，全部采用箍筋拉结。

5. 图3为当Ⓓ纵筋为奇数排时，除其中一排纵筋采用拉筋，其余采用箍筋拉结。

6. 设计人员应指明A、B的具体类型。

| L形约束边缘构件钢筋构造 | | | | | | | 图集号 | 12G101-4 |
|---|---|---|---|---|---|---|---|---|
| 审核 | 吴耀辉 | 吴耀辉 | 校对 | 管桦 | 管桦 | 设计 | 李海元 李海元 | 页 | 19 |

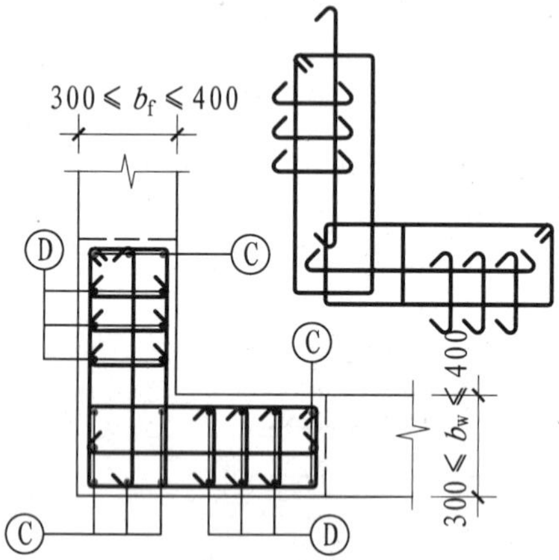


**图1 拉筋拉结**

(类型A)

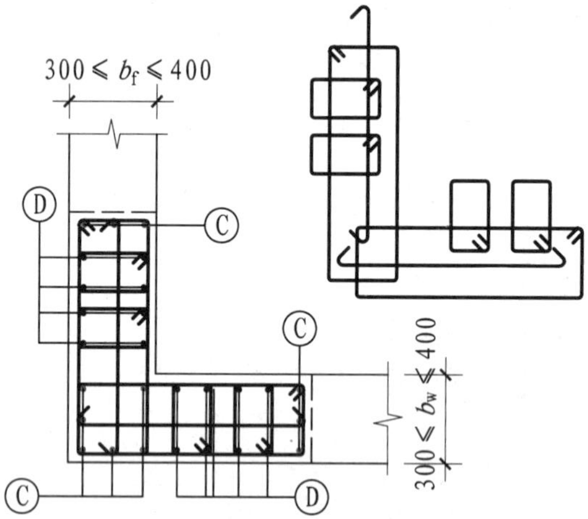


**图2 箍筋拉结**

(类型B:Ⓓ为偶数排)

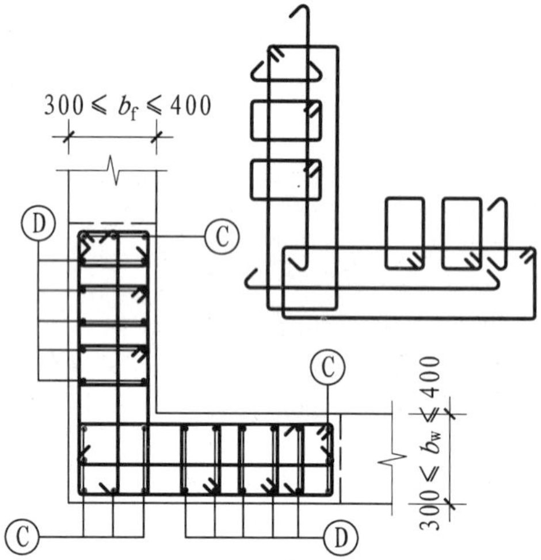


**图3 箍筋+1个拉筋拉结**

(类型B:Ⓓ为奇数排)

注:1. 图中红色Ⓒ纵筋为端部纵筋和交叉部位纵筋，当边缘构件纵筋直径不同时,大直径纵筋应优先配置在Ⓒ位置。
2. Ⓓ纵筋应均匀布置，间距宜取100～200mm，一般不大于剪力墙竖向分布筋间距。
3. 图1为Ⓓ纵筋全部采用拉筋拉结。
4. 图2为当Ⓓ纵筋为偶数排时，全部采用箍筋拉结。
5. 图3为当Ⓓ纵筋为奇数排时,除其中一排纵筋采用拉筋，其余采用箍筋拉结。
6. 设计人员应指明A、B的具体类型。

| L形约束边缘构件钢筋构造 | | | | | | | 图集号 | 12G101-4 |
|---|---|---|---|---|---|---|---|---|
| 审核 | 吴耀辉 | 吴耀辉 | 校对 | 管桦 | 管桦 | 设计 李海元 李海元 | 页 | 20 |

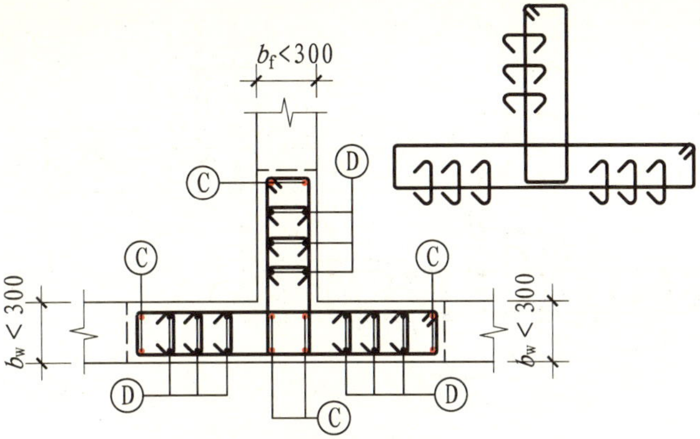


**图1 拉筋拉结**

(类型A)

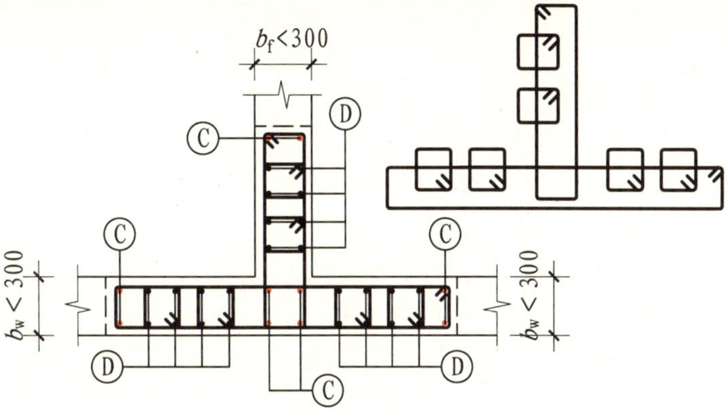


**图2 箍筋拉结**

(类型B: Ⓓ为偶数排)

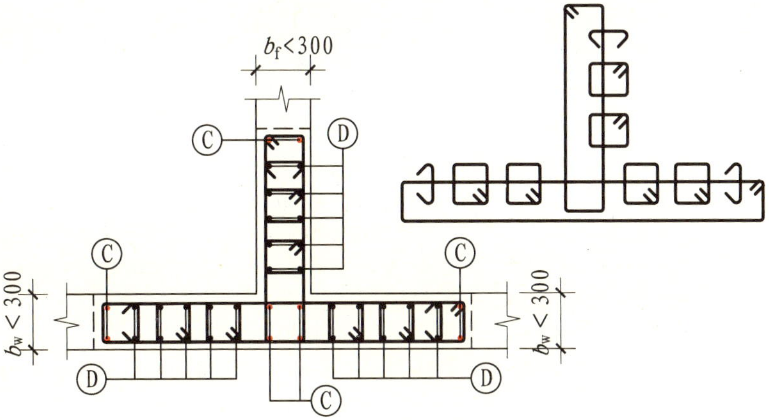


**图3 箍筋+1个拉筋拉结**

(类型B: Ⓓ为奇数排)

注:1. 图中红色Ⓒ纵筋为端部纵筋和交叉部位纵筋，当边缘构件纵筋直径不同时,大直径纵筋应优先配置在Ⓒ位置。
2. Ⓓ纵筋应均匀布置，间距宜取100～200mm，一般不大于剪力墙竖向分布筋间距。
3. 图1为Ⓓ纵筋全部采用拉筋拉结。
4. 图2为当Ⓓ纵筋为偶数排时，全部采用箍筋拉结。
5. 图3为当Ⓓ纵筋为奇数排时,除其中一排纵筋采用拉筋，其余采用箍筋拉结。
6. 设计人员应指明A、B的具体类型。

| T形约束边缘构件钢筋构造 | | | | | | | 图集号 | 12G101-4 |
|---|---|---|---|---|---|---|---|---|
| 审核 | 吴耀辉 | 吴耀辉 | 校对 | 管桦 | 管桦 | 设计 | 李海元 李海元 | 页 | 21 |

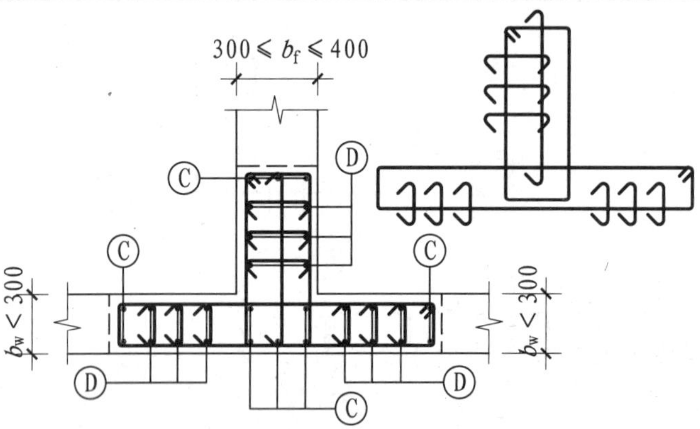


**图1 拉筋拉结**

（类型A）

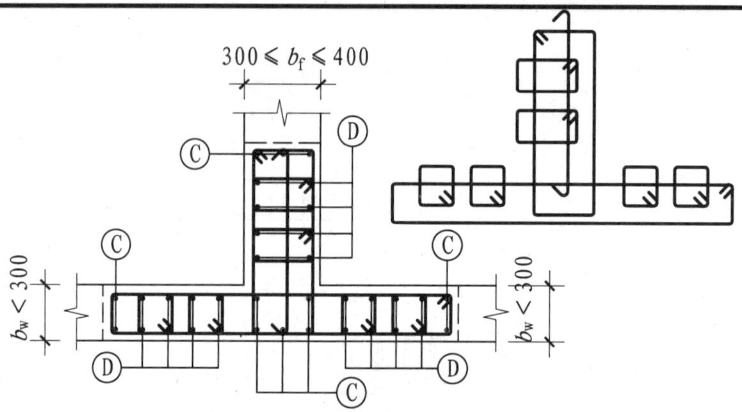


**图2 箍筋拉结**

（类型B：Ⓓ为偶数排）

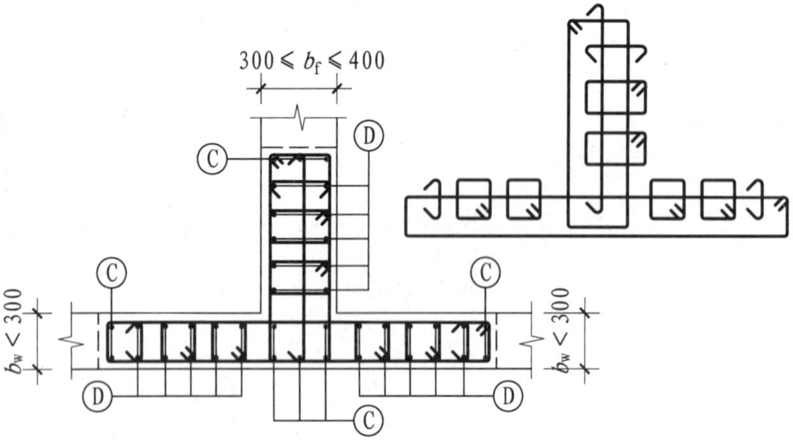


**图3 箍筋+1个拉筋拉结**

（类型B：Ⓓ为奇数排）

注：1. 图中红色Ⓒ纵筋为端部纵筋和交叉部位纵筋，当边缘构件纵筋直径不同时，大直径纵筋应优先配置在Ⓒ位置。
2. Ⓓ纵筋应均匀布置，间距宜取100～200mm，一般不大于剪力墙竖向分布筋间距。
3. 图1为Ⓓ纵筋全部采用拉筋拉结。
4. 图2为当Ⓓ纵筋为偶数排时，全部采用箍筋拉结。
5. 图3为当Ⓓ纵筋为奇数排时，除其中一排纵筋采用拉筋，其余采用箍筋拉结。
6. 设计人员应指明A、B的具体类型。

| T形约束边缘构件钢筋构造 | | | | | | | 图集号 | 12G101-4 |
|---|---|---|---|---|---|---|---|---|
| 审核 | 吴耀辉 | 吴耀辉 | 校对 | 管桦 | 管桦 | 设计 | 李海元 李海元 | 页 22 |

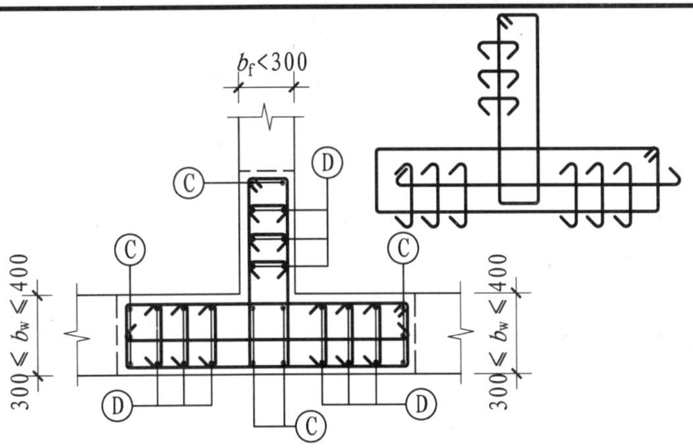


**图1 拉筋拉结**

(类型A)

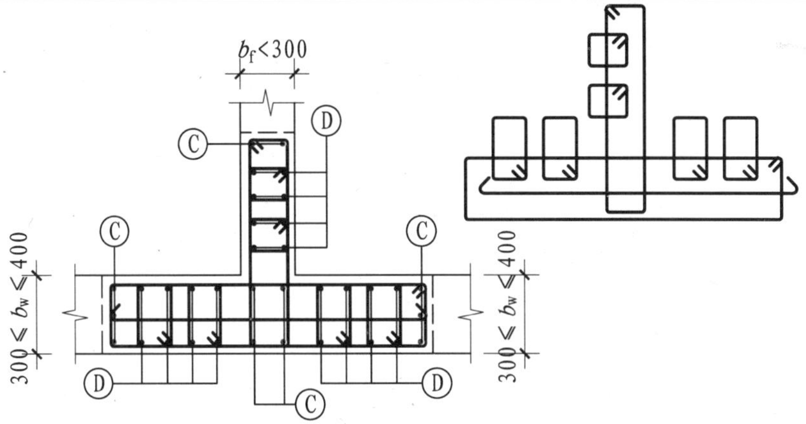


**图2 箍筋拉结**

(类型B: Ⓓ为偶数排)

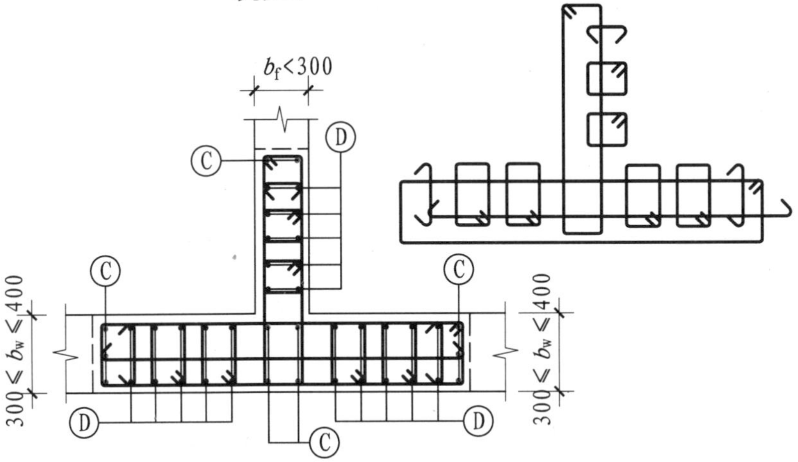


**图3 箍筋+1个拉筋拉结**

(类型B: Ⓓ为奇数排)

注: 1. 图中红色Ⓒ纵筋为端部纵筋和交叉部位纵筋，当边缘构件纵筋直径不同时，大直径纵筋应优先配置在Ⓒ位置。
2. Ⓓ纵筋应均匀布置，间距宜取100～200mm，一般不大于剪力墙竖向分布筋间距。
3. 图1为Ⓓ纵筋全部采用拉筋拉结。
4. 图2为当Ⓓ纵筋为偶数排时，全部采用箍筋拉结。
5. 图3为当Ⓓ纵筋为奇数排时，除其中一排纵筋采用拉筋，其余采用箍筋拉结。
6. 设计人员应指明A、B的具体类型。

| T形约束边缘构件钢筋构造 | | | | | | | | 图集号 | 12G101-4 |
|---|---|---|---|---|---|---|---|---|---|
| 审核 | 吴耀辉 | 吴耀辉 | 校对 | 管桦 | 管桦 | 设计 | 李海元 | 李海元 | 页 | 23 |

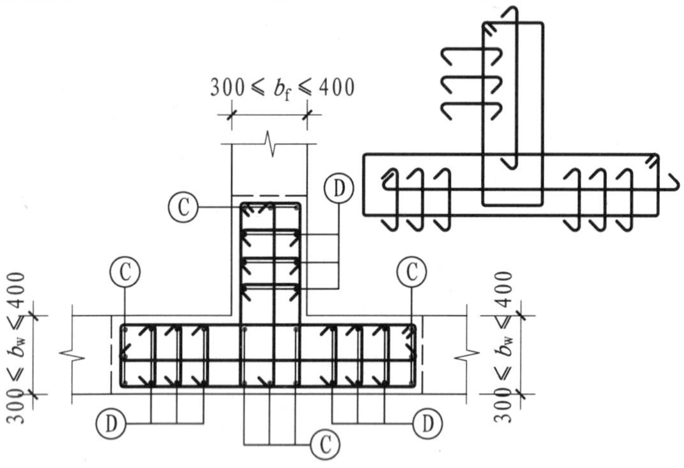


**图1 拉筋拉结**

(类型A)

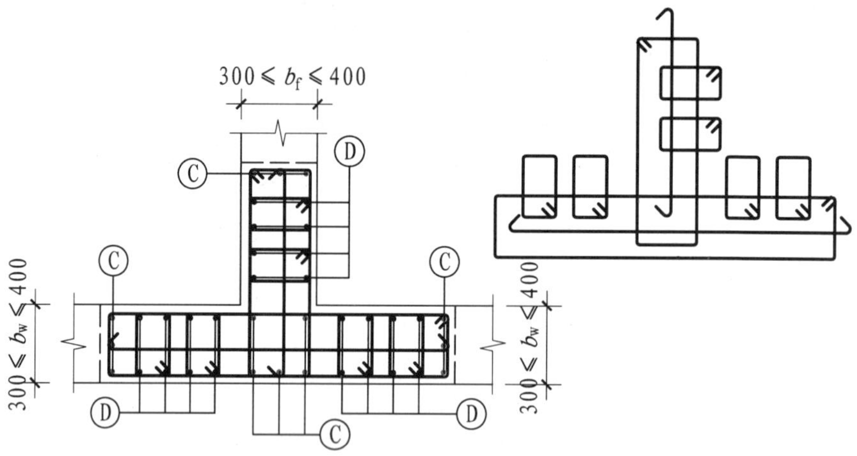


**图2 箍筋拉结**

(类型B: Ⓓ为偶数排)

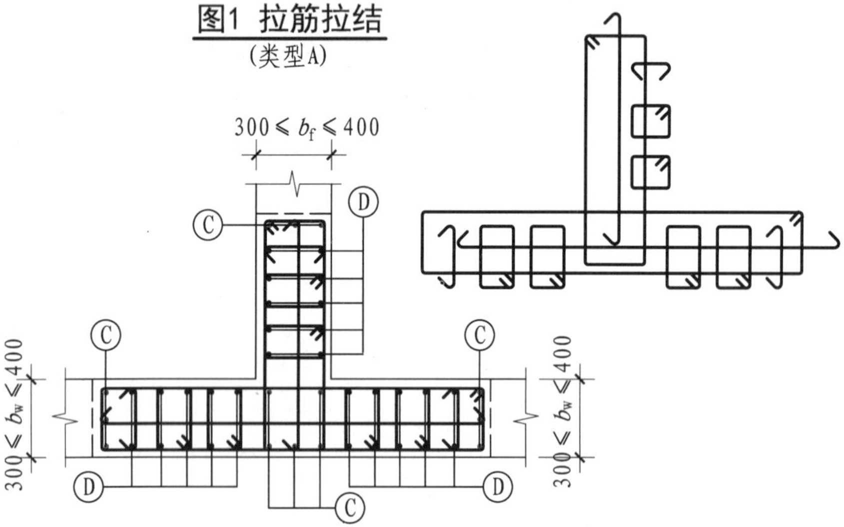


**图3 箍筋+1个拉筋拉结**

(类型B: Ⓓ为奇数排)

注: 1. 图中红色Ⓒ纵筋为端部纵筋和交叉部位纵筋，当边缘构件纵筋直径不同时，大直径纵筋应优先配置在Ⓒ位置。
2. Ⓓ纵筋应均匀布置，间距宜取100～200mm，一般不大于剪力墙竖向分布筋间距。
3. 图1为Ⓓ纵筋全部采用拉筋拉结。
4. 图2为当Ⓓ纵筋为偶数排时，全部采用箍筋拉结。
5. 图3为当Ⓓ纵筋为奇数排时，除其中一排纵筋采用拉筋，其余采用箍筋拉结。
6. 设计人员应指明A、B的具体类型。

| | | | | | | | | |
|---|---|---|---|---|---|---|---|---|
| **T形约束边缘构件钢筋构造** | | | | | | | 图集号 | 12G101-4 |
| 审核 | 吴耀辉 | 吴耀辉 | 校对 | 管桦 | 管桦 | 设计 | 李海元 李海元 | 页 24 |

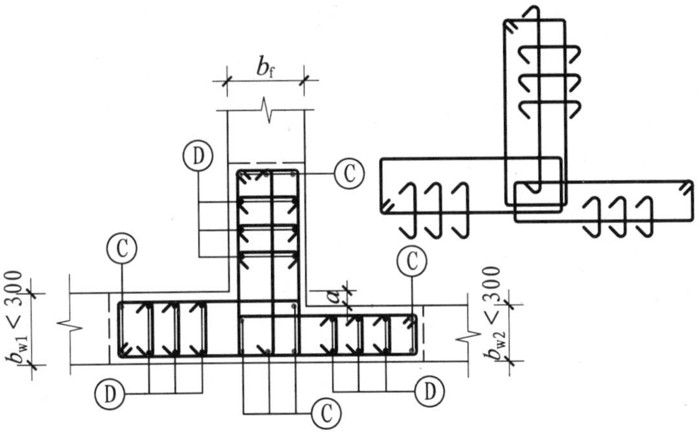


图1

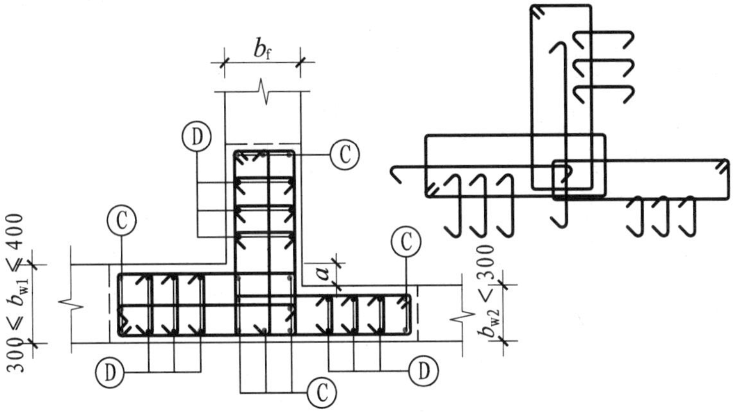


图2

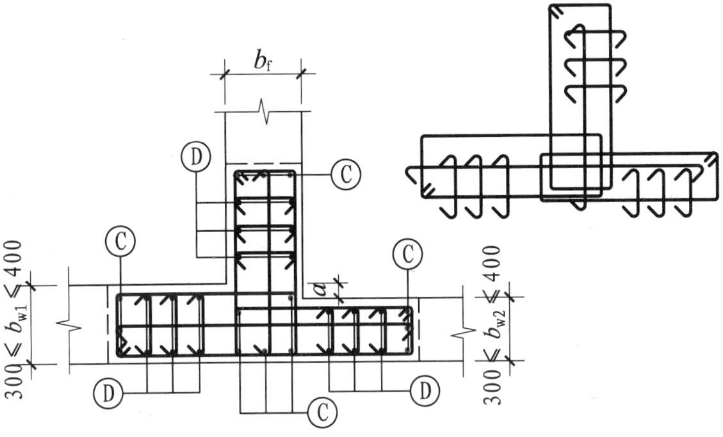


图3

注：1. 本图主要表示$b_{w1}$与$b_{w2}$不相等时，箍（拉）筋及红色纵筋的变化。

2. 图中红色Ⓒ纵筋为端部纵筋和交叉部位纵筋，当边缘构件纵筋直径不同时，大直径纵筋应优先配置在Ⓒ位置。

3. Ⓓ纵筋应均匀布置，间距宜取100～200mm，一般不大于剪力墙竖向分布筋间距。

4. 图1为Ⓓ纵筋全部采用拉筋拉结。

5. 图2为当Ⓓ纵筋为偶数排时，全部采用箍筋拉结。

6. 图3为当Ⓓ纵筋为奇数排时，除其中一排纵筋采用拉筋，其余采用箍筋拉结。

7. 设计人员应指明A、B的具体类型。

| T形约束边缘构件钢筋构造 | | | | | | | 图集号 | 12G101-4 |
|---|---|---|---|---|---|---|---|---|
| 审核 | 吴耀辉 | 吴耀辉 | 校对 | 管桦 | 管桦 | 设计 李海元 李海元 | 页 | 25 |

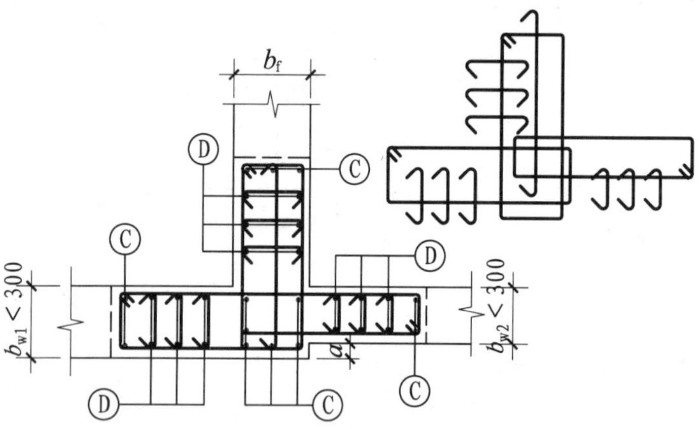


图1

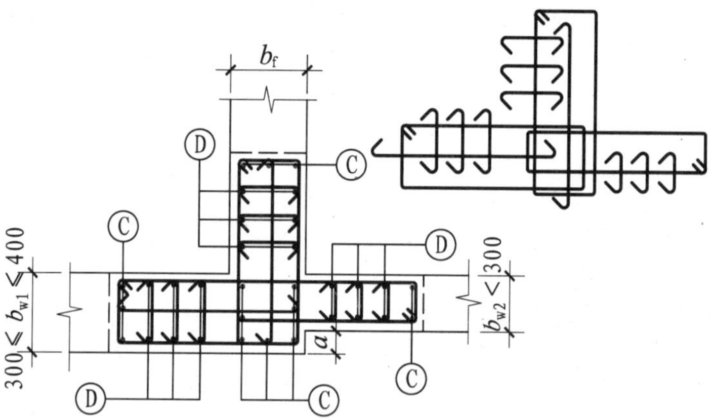


图2

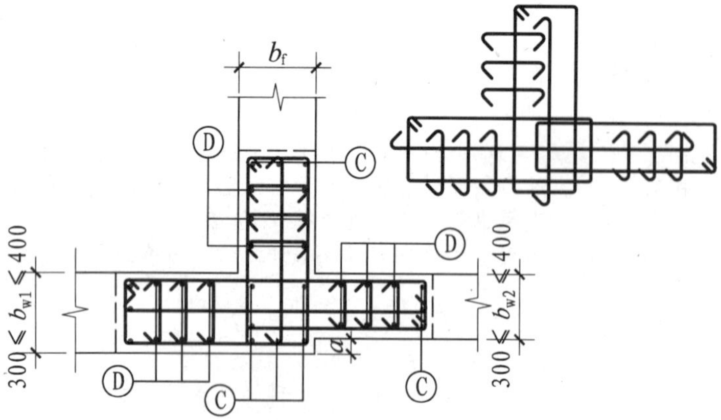


图3

注：1. 本图主要表示$b_{w1}$与$b_{w2}$不相等时，箍（拉）筋及红色纵筋的变化。
2. 图中红色Ⓒ纵筋为端部纵筋和交叉部位纵筋，当边缘构件纵筋直径不同时，大直径纵筋应优先配置在Ⓒ位置。
3. Ⓓ纵筋应均匀布置，间距宜取100～200mm，一般不大于剪力墙竖向分布筋间距。
4. 图1为Ⓓ纵筋全部采用拉筋拉结。
5. 图2为当Ⓓ纵筋为偶数排时，全部采用箍筋拉结。
6. 图3为当Ⓓ纵筋为奇数排时，除其中一排纵筋采用拉筋，其余采用箍筋拉结。
7. 设计人员应指明A、B的具体类型。

| | | | | | | | | | |
|---|---|---|---|---|---|---|---|---|---|
| T形约束边缘构件钢筋构造 | | | | | | | | 图集号 | 12G101-4 |
| 审核 | 吴耀辉 | 吴耀辉 | 校对 | 管桦 | 管桦 | 设计 | 李海元 | 李海元 | 页 | 26 |

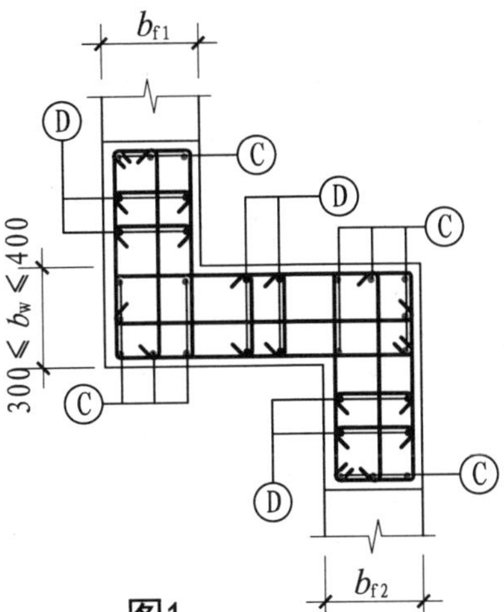


图1

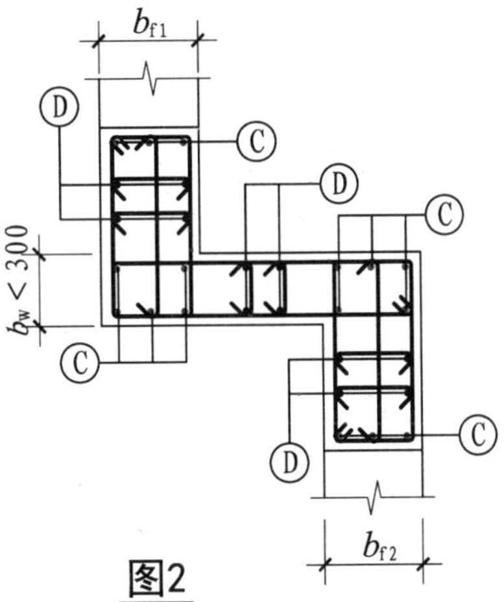


图2

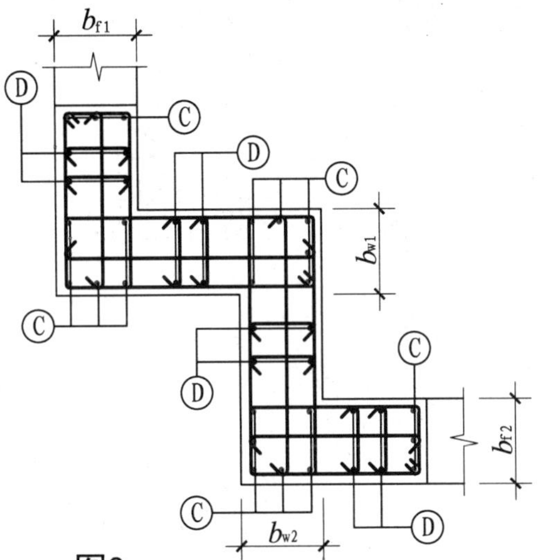


图3

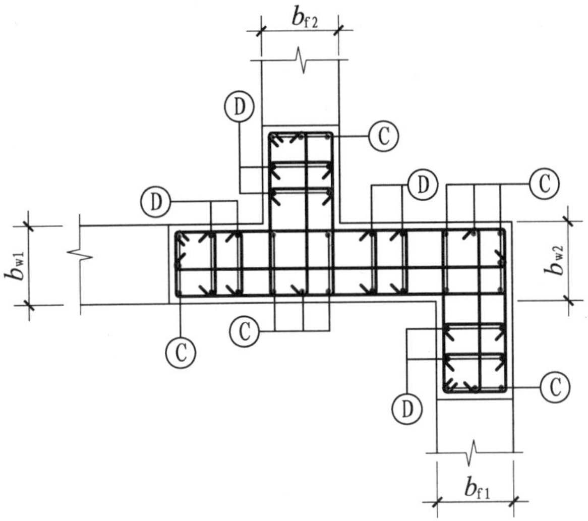


图4

注：1. 图中红色Ⓒ纵筋为端部纵筋和交叉部位纵筋，当边缘构件纵筋直径不同时，大直径纵筋优先配置在Ⓒ位置。

2. 与红色纵筋拉结的箍(拉)筋根据墙厚变化情况，参见L形、T形约束边缘构件。

3. 图中Ⓓ钢筋拉结方式，参见L形、T形约束边缘构件。

4. 图4中，当$b_{w1}$与$b_{w2}$不相等时，箍（拉）筋及红色纵筋的变化，参见T形约束边缘构件。

| | | | | | | | |
|---|---|---|---|---|---|---|---|
| Z、W、F形约束边缘构件钢筋构造 | | | | | | 图集号 | 12G101-4 |
| 审核 | 吴耀辉 | 吴耀辉 | 校对 | 管桦 | 管桦 | 设计 | 李海元 | 李海元 | 页 | 27 |

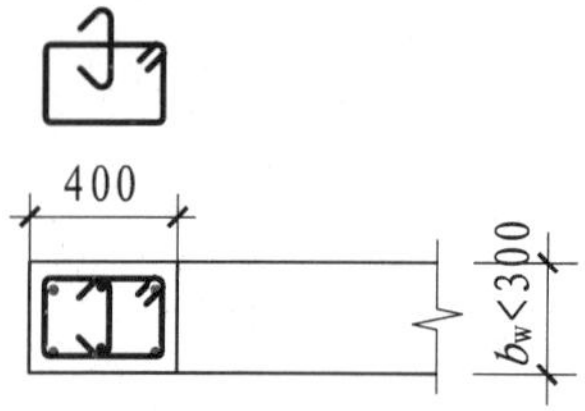


图1

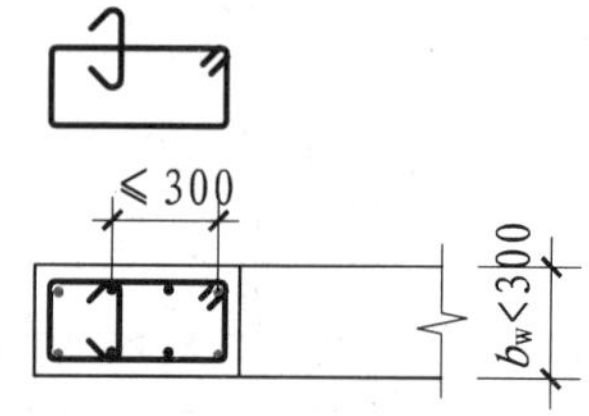


图2

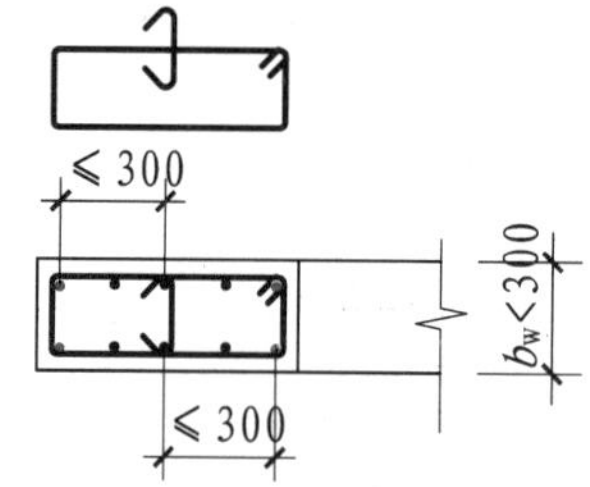


图3

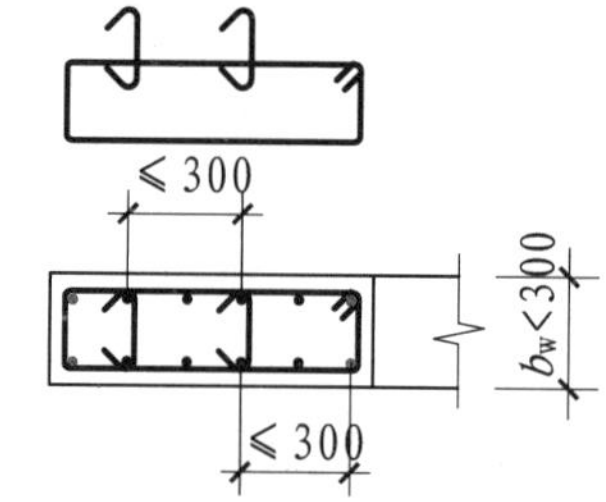


图4

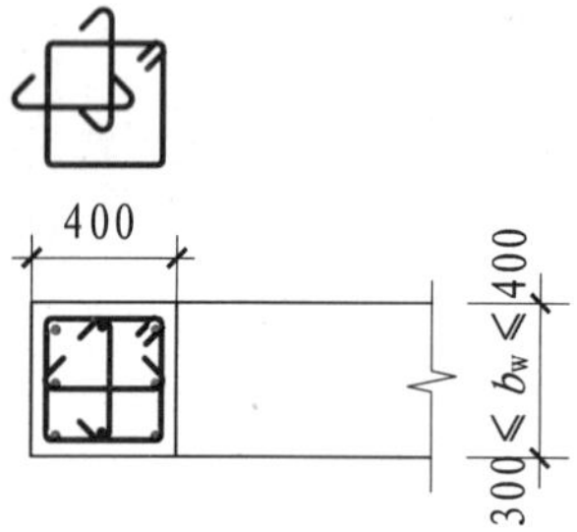


图5

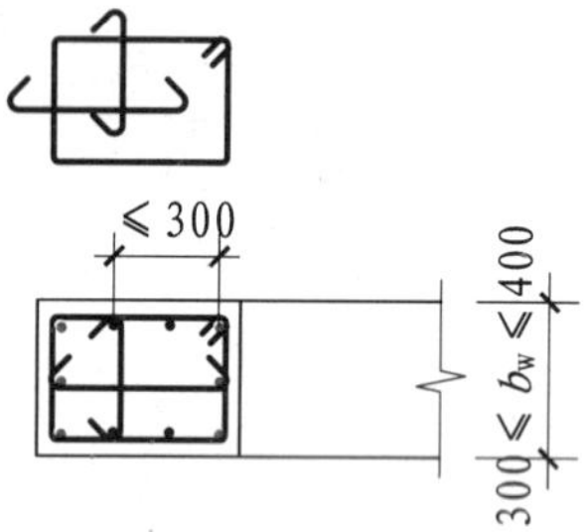


图6

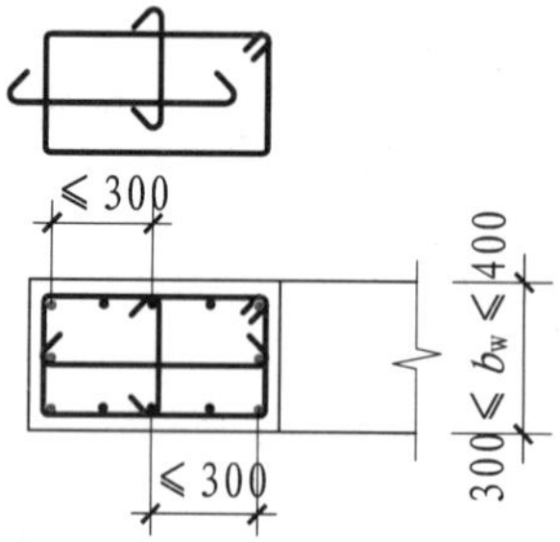


图7

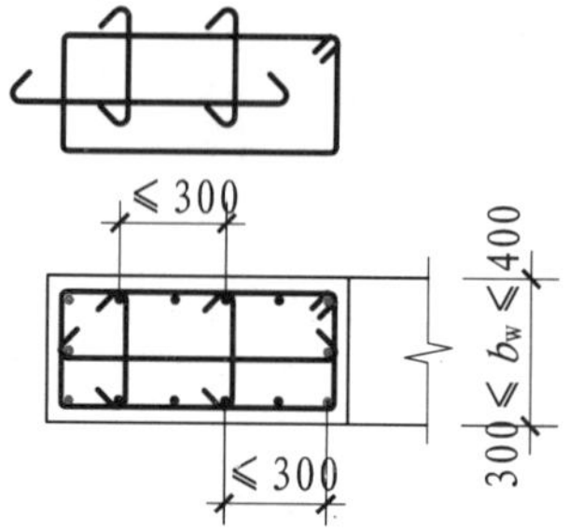


图8

注：1. 图1～图8仅表示构造边缘构件纵筋、箍筋、拉筋的排布规则示意。
2. 图中红色纵筋为端部纵筋，当边缘构件纵筋直径不同时，大直径钢筋应配置在红色纵筋位置。
3. 沿水平方向构造边缘构件纵筋应均匀布置，间距宜取100～200mm，一般不大于剪力墙竖向分布筋间距。
4. 当构造边缘构件纵筋水平间距不大于150mm时，拉筋沿水平方向与纵筋采用“隔一拉一”的方式拉结，但拉筋水平向肢距不宜大于300mm且不大于竖向钢筋间距的2倍；当构造边缘构件纵筋水平间距大于150mm时，拉筋沿水平方向与纵筋采用“逐一拉结”的方式拉结，且拉筋水平向肢距不宜大于300mm。

| 一字形构造边缘构件钢筋构造 | | | | | | | 图集号 | 12G101-4 |
|---|---|---|---|---|---|---|---|---|
| 审核 | 吴耀辉 | 吴耀辉 | 校对 | 管桦 | 管桦 | 设计 李海元 | 李海元 | 页 | 28 |

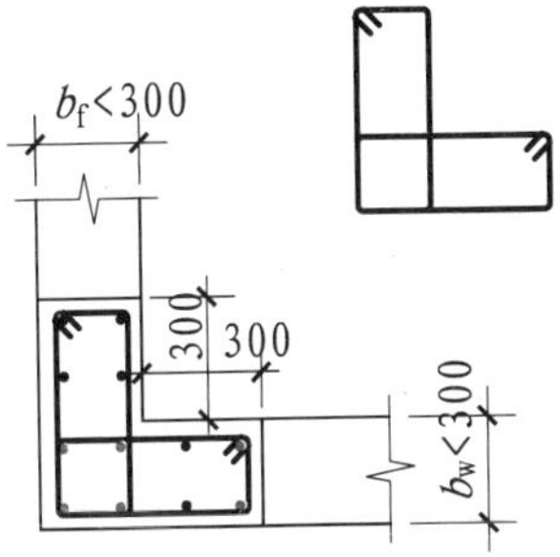


图1

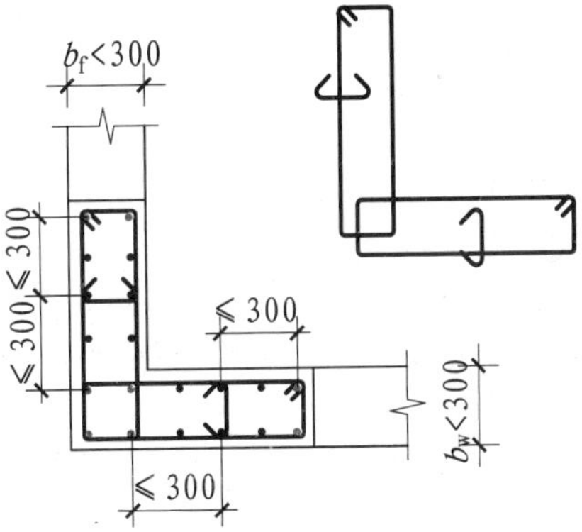


图2

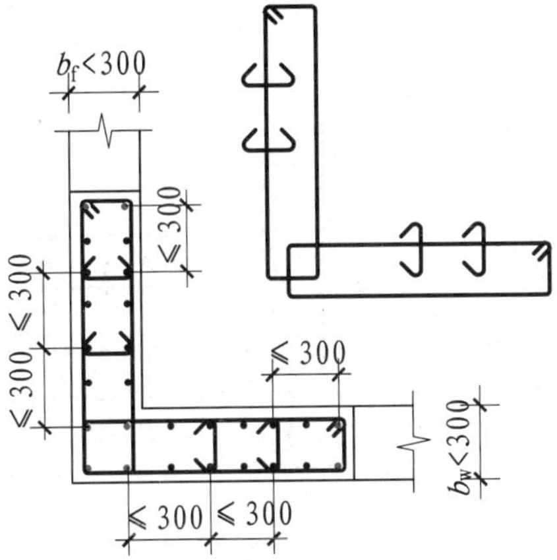


图3

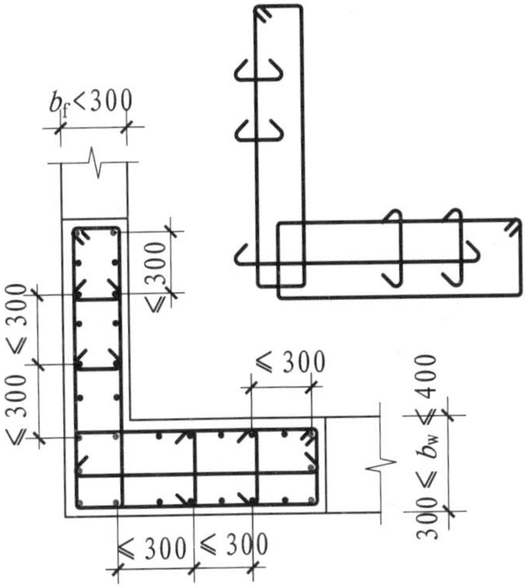


图4

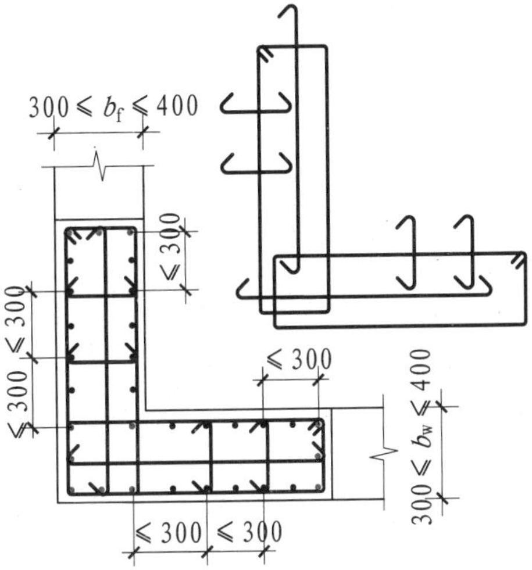


图5

注：1. 图1～图5仅表示构造边缘构件纵筋、箍筋、拉筋的排布规则示意。

2. 图中红色纵筋为端部纵筋和交叉部位纵筋，当边缘构件纵筋直径不同时，大直径钢筋应配置在红色纵筋位置。

3. 沿水平方向构造边缘构件纵筋应均匀布置，间距宜取100～200mm，一般不大于剪力墙竖向分布筋间距。

4. 当构造边缘构件纵筋水平间距不大于150mm时，拉筋沿水平方向与纵筋采用“隔一拉一”的方式拉结，但拉筋水平向肢距不宜大于300mm且不大于竖向钢筋间距的2倍；当构造边缘构件纵筋水平间距大于150mm时，拉筋沿水平方向与纵筋采用“逐一拉结”的方式拉结，且拉筋水平向肢距不宜大于300mm。

| L形构造边缘构件钢筋构造 | | | | | | | | 图集号 | 12G101-4 |
|---|---|---|---|---|---|---|---|---|---|
| 审核 | 吴耀辉 | 吴耀辉 | 校对 | 管桦 | 管桦 | 设计 | 李海元 | 李海元 | 页 | 29 |

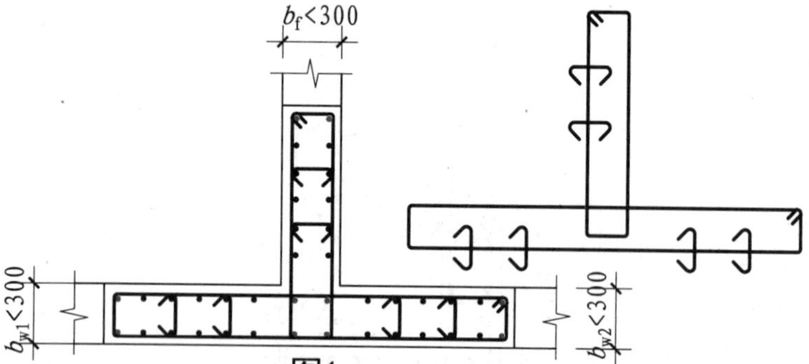


图1

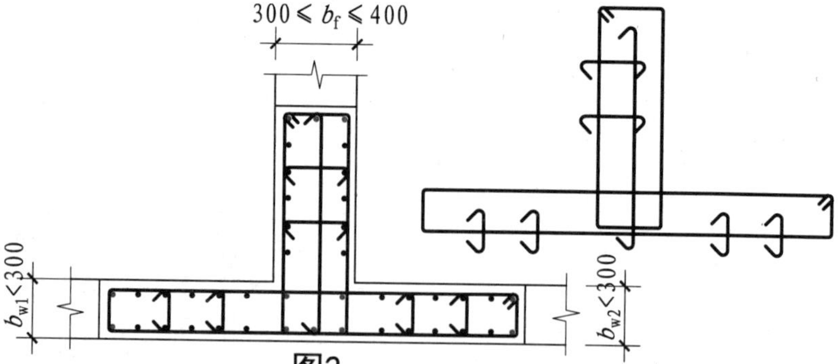


图2

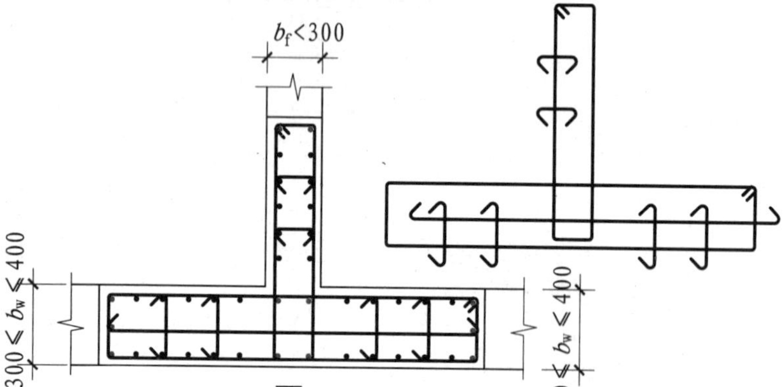


图3

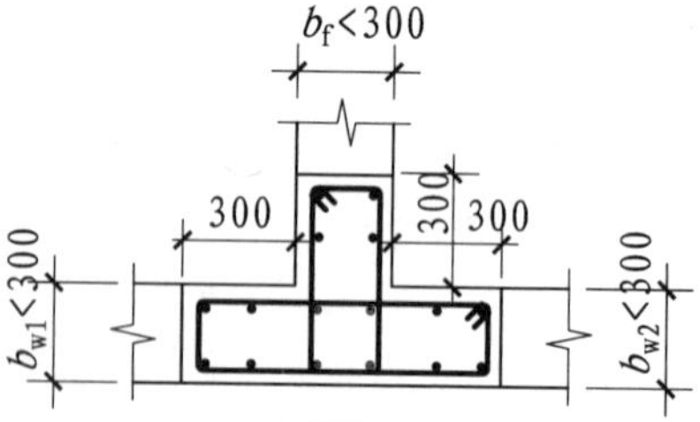


图4

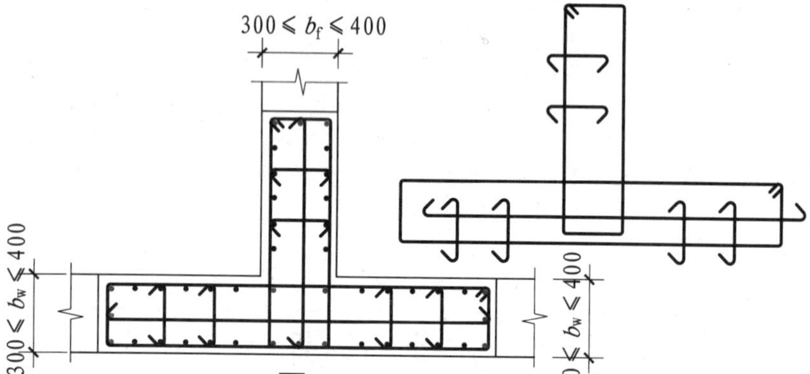


图5

注：1. 图1～图5仅表示构造边缘构件纵筋、箍筋、拉筋的排布规则示意。

2. 图中红色纵筋为端部纵筋和交叉部位纵筋，当边缘构件纵筋直径不同时，大直径钢筋应配置在红色纵筋位置。

3. 沿水平方向构造边缘构件纵筋应均匀布置，间距宜取100～200mm，一般不大于剪力墙竖向分布筋间距。

4. 当构造边缘构件纵筋水平间距不大于150mm时，拉筋沿水平方向与纵筋采用“隔一拉一”的方式拉结，但拉筋水平向肢距不宜大于300mm且不大于竖向钢筋间距的2倍；当构造边缘构件纵筋水平间距大于150mm时，拉筋沿水平方向与纵筋采用“逐一拉结”的方式拉结，且拉筋水平向肢距不宜大于300mm。

| T形构造边缘构件钢筋构造 | | | | | | 图集号 | 12G101-4 |
|---|---|---|---|---|---|---|---|
| 审核 | 吴耀辉 | 吴耀辉 | 校对 | 管桦 | 管桦 | 设计 李海元 李海元 | 页 30 |

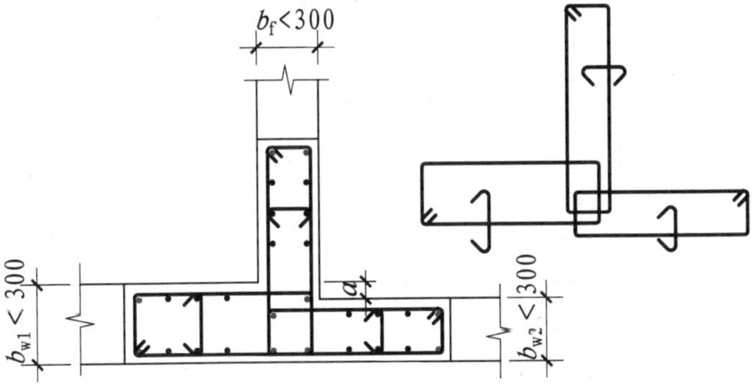


图1

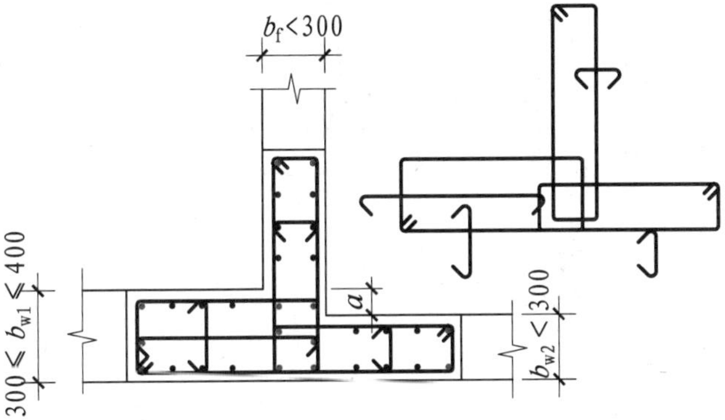


图2

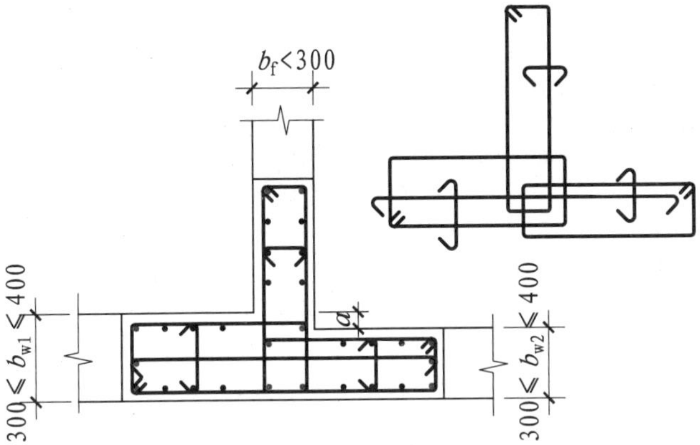


图3

注：1. 图1～图3主要表示$b_{w1}$与$b_{w2}$不相等时，箍（拉）筋及红色纵筋的变化。

2. 图中红色纵筋为端部纵筋和交叉部位纵筋，当边缘构件纵筋直径不同时，大直径钢筋应配置在红色纵筋位置。

3. 沿水平方向构造边缘构件纵筋应均匀布置，间距宜取100～200mm，一般不大于剪力墙竖向分布筋间距。

4. 当构造边缘构件纵筋水平间距不大于150mm时，拉筋沿水平方向与纵筋采用“隔一拉一”的方式拉结，但拉筋水平向肢距不宜大于300mm且不大于竖向钢筋间距的2倍；当构造边缘构件纵筋水平间距大于150mm时，拉筋沿水平方向与纵筋采用“逐一拉结”的方式拉结，且拉筋水平向肢距不宜大于300mm。

| T形构造边缘构件钢筋构造 | | | | | | | 图集号 | 12G101-4 |
|---|---|---|---|---|---|---|---|---|
| 审核 | 吴耀辉 | 吴耀辉 | 校对 | 管桦 | 管桦 | 设计 | 李海元 李海元 | 页 | 31 |

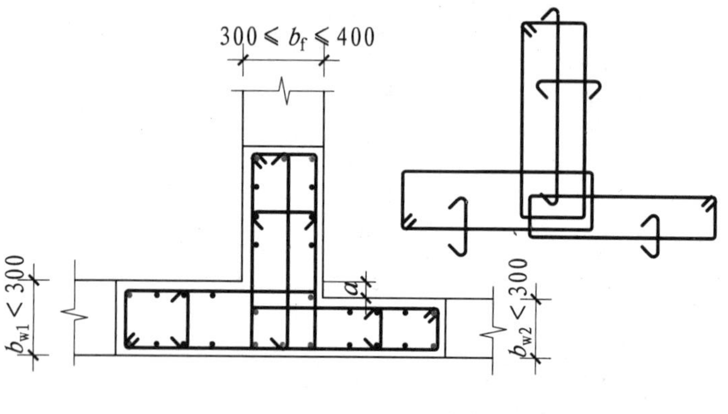


图1

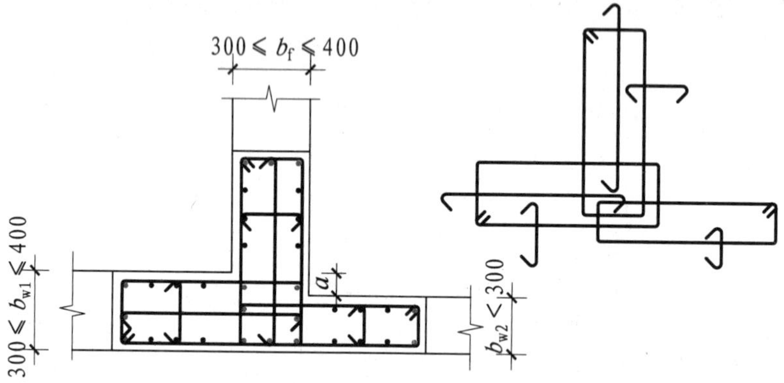


图2

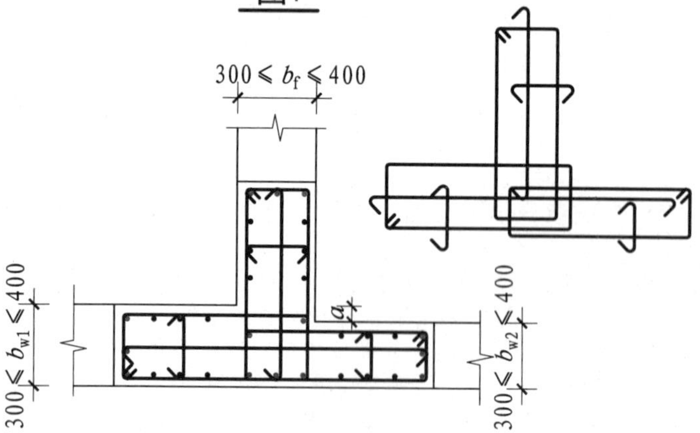


图3

注：1. 图1～图3主要表示$b_{w1}$与$b_{w2}$不相等时，箍（拉）筋及红色纵筋的变化。
2. 图中红色纵筋为端部纵筋和交叉部位纵筋，当边缘构件纵筋直径不同时，大直径钢筋应配置在红色纵筋位置。
3. 沿水平方向构造边缘构件纵筋应均匀布置，间距宜取100～200mm，一般不大于剪力墙竖向分布筋间距。
4. 当构造边缘构件纵筋水平间距不大于150mm时，拉筋沿水平方向与纵筋采用“隔一拉一”的方式拉结，但拉筋水平向肢距不宜大于300mm且不大于竖向钢筋间距的2倍；当构造边缘构件纵筋水平间距大于150mm时，拉筋沿水平方向与纵筋采用“逐一拉结”的方式拉结，且拉筋水平向肢距不宜大于300mm。

| T形构造边缘构件钢筋构造 | | | | | | | 图集号 | 12G101-4 |
|---|---|---|---|---|---|---|---|---|
| 审核 | 吴耀辉 | 吴耀辉 | 校对 | 管桦 | 管桦 | 设计 李海元 李海元 | 页 | 32 |

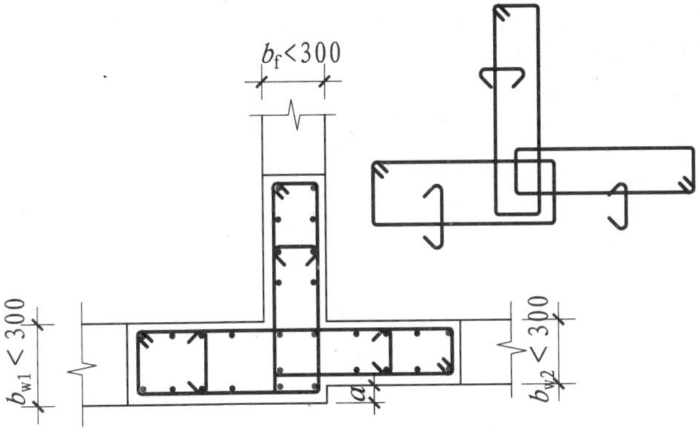


图1

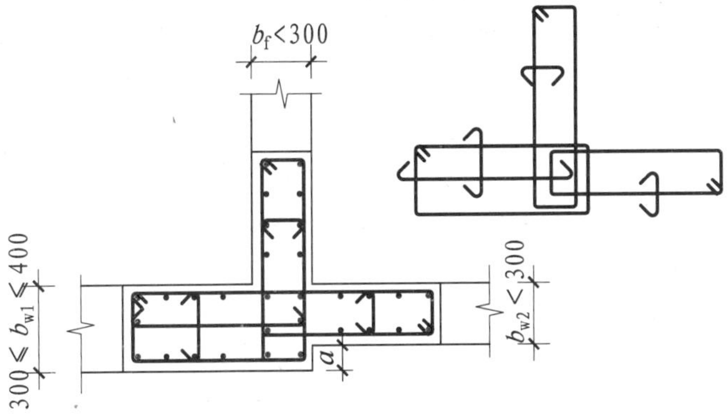


图2

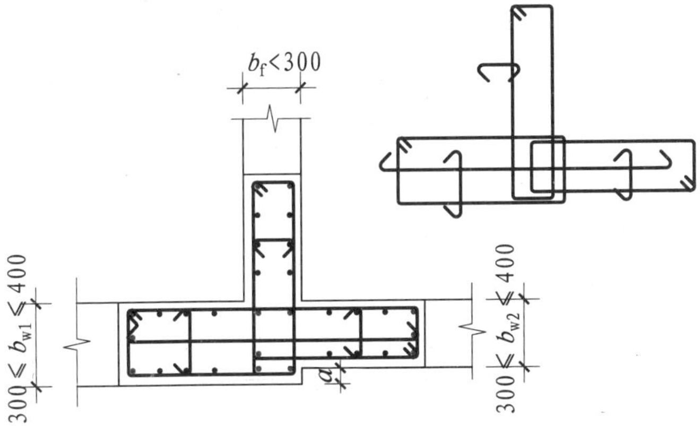


图3

注：1. 图1～图3主要表示$b_{w1}$与$b_{w2}$不相等时，箍（拉）筋及红色纵筋的变化。

2. 图中红色纵筋为端部纵筋和交叉部位纵筋，当边缘构件纵筋直径不同时，大直径钢筋应配置在红色纵筋位置。

3. 沿水平方向构造边缘构件纵筋应均匀布置，间距宜取100～200mm，一般不大于剪力墙竖向分布筋间距。

4. 当构造边缘构件纵筋水平间距不大于150mm时，拉筋沿水平方向与纵筋采用“隔一拉一”的方式拉结，但拉筋水平向肢距不宜大于300mm且不大于竖向钢筋间距的2倍；当构造边缘构件纵筋水平间距大于150mm时，拉筋沿水平方向与纵筋采用“逐一拉结”的方式拉结，且拉筋水平向肢距不宜大于300mm。

| T形构造边缘构件钢筋构造 | | | | | | | | 图集号 | 12G101-4 |
|---|---|---|---|---|---|---|---|---|---|
| 审核 | 吴耀辉 | 吴耀辉 | 校对 | 管桦 | 管桦 | 设计 | 李海元 | 页 | 33 |

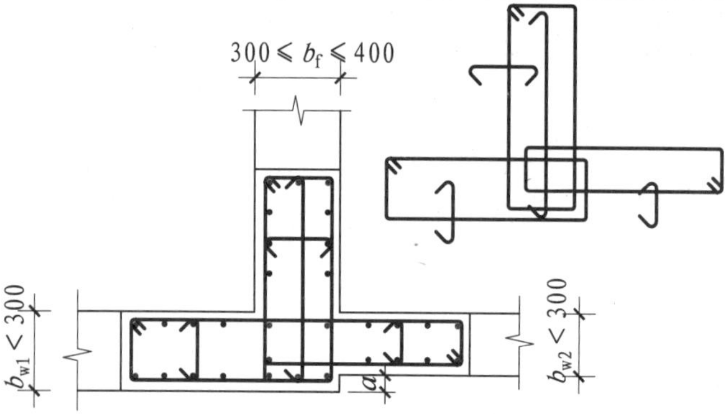


图1

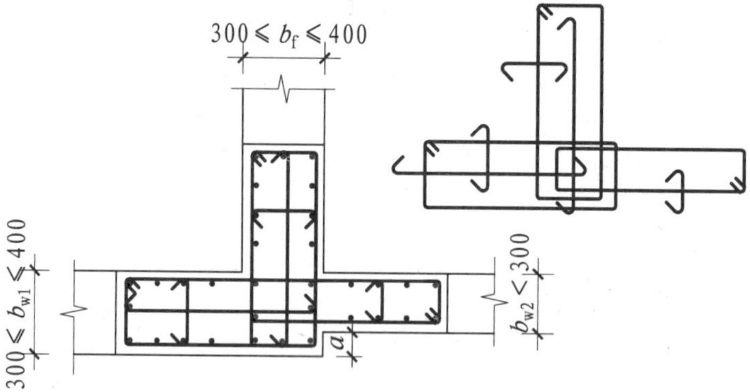


图2

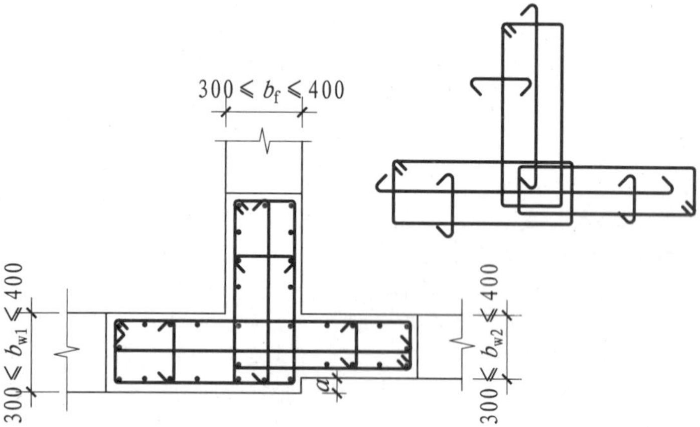


图3

注：1. 图1～图3主要表示$b_{w1}$与$b_{w2}$不相等时，箍（拉）筋及红色纵筋的变化。
2. 图中红色纵筋为端部纵筋和交叉部位纵筋，当边缘构件纵筋直径不同时，大直径钢筋应配置在红色纵筋位置。
3. 沿水平方向构造边缘构件纵筋应均匀布置，间距宜取100～200mm，一般不大于剪力墙竖向分布筋间距。
4. 当构造边缘构件纵筋水平间距不大于150mm时，拉筋沿水平方向与纵筋采用“隔一拉一”的方式拉结，但拉筋水平向肢距不宜大于300mm且不大于竖向钢筋间距的2倍；当构造边缘构件纵筋水平间距大于150mm时，拉筋沿水平方向与纵筋采用“逐一拉结”的方式拉结，且拉筋水平向肢距不宜大于300mm。

| | | | | | | | | | |
|---|---|---|---|---|---|---|---|---|---|
| T形构造边缘构件钢筋构造 | | | | | | | | 图集号 | 12G101-4 |
| 审核 | 吴耀辉 | 吴耀辉 | 校对 | 管桦 | 管桦 | 设计 | 李海元 | 李海元 | 页 34 |

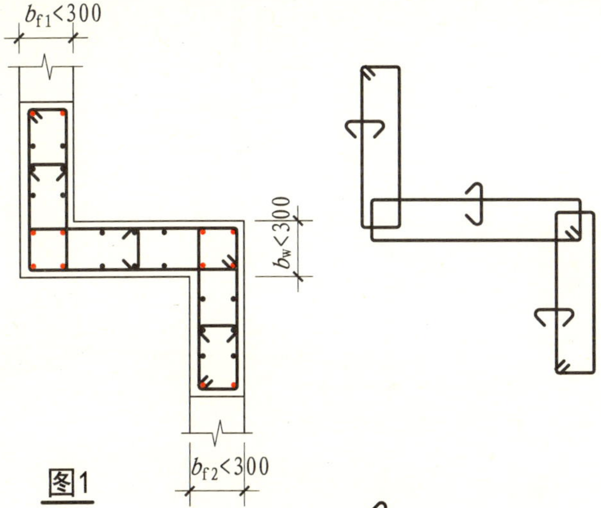


图1

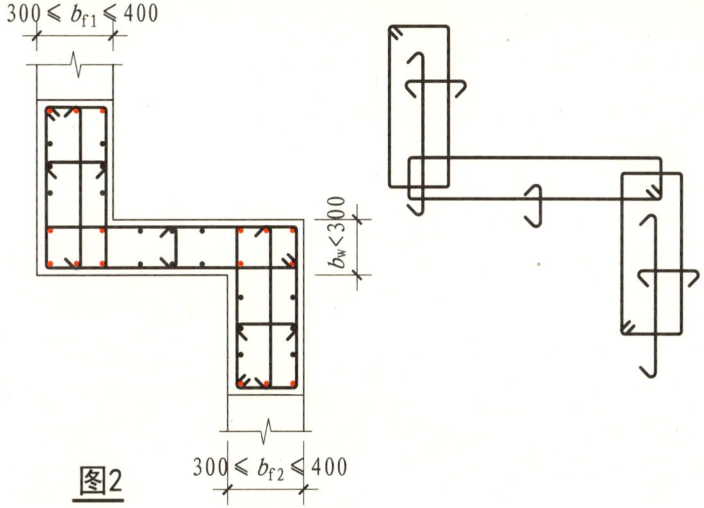


图2

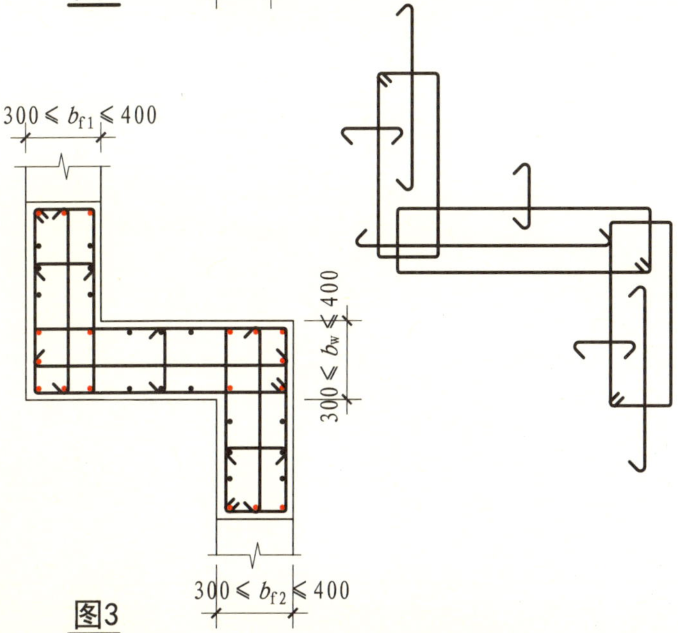


图3

注：1. 图1～图3仅表示构造边缘构件纵筋、箍筋、拉筋的排布规则示意。

2. Z型构造边缘构件可看成由两个L形构造边缘构件连接而成，因此，其纵筋和箍（拉）筋排布规则参照L形构造边缘构件。

| Z形构造边缘构件钢筋构造 | | | | | | | | 图集号 | 12G101-4 |
|---|---|---|---|---|---|---|---|---|---|
| 审核 | 吴耀辉 | 吴耀辉 | 校对 | 管桦 | 管桦 | 设计 | 李海元 | 李海元 | 页 | 35 |

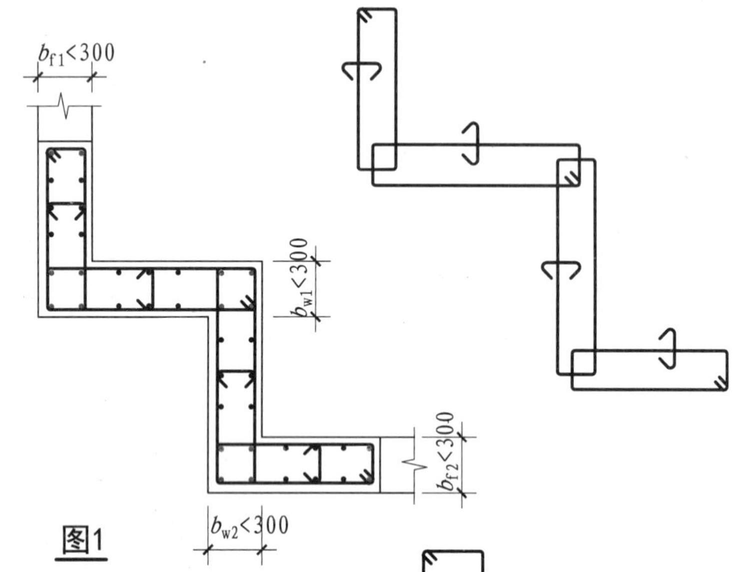


图1

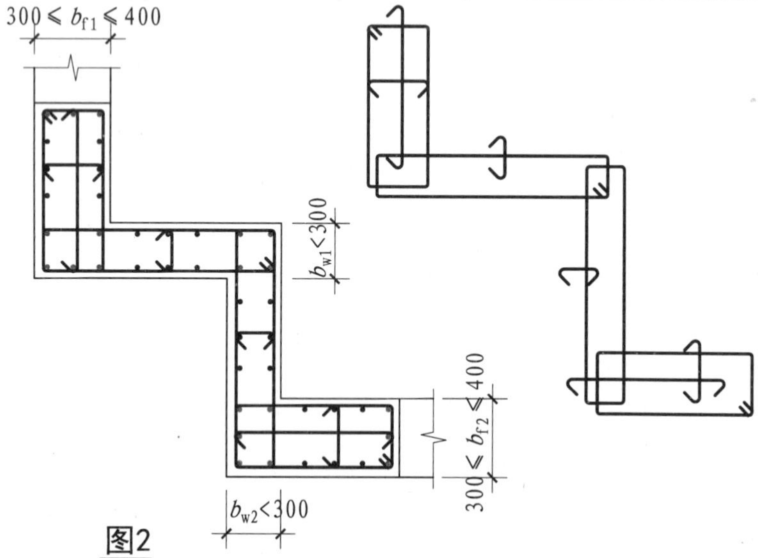


图2

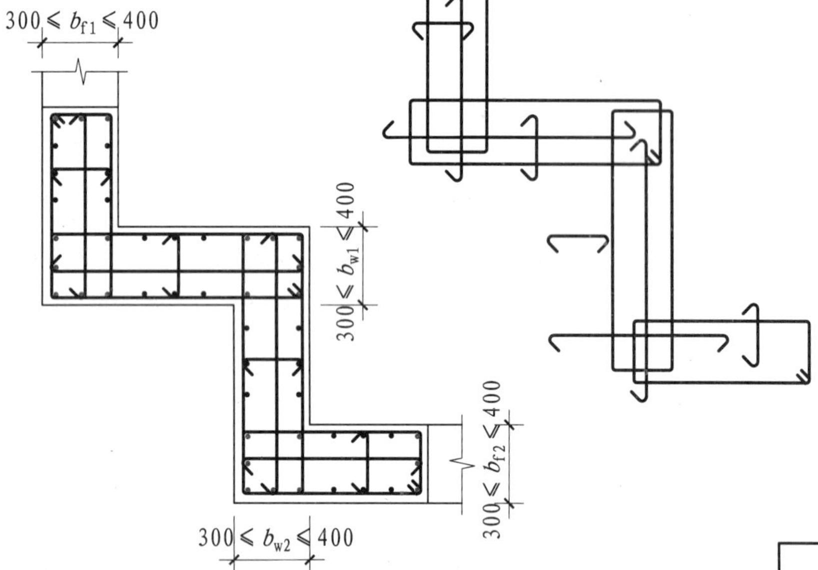


图3

注：1. 图1～图3仅表示构造边缘构件纵筋、箍筋、拉筋的排布规则示意。

2. W型构造边缘构件可看成由三个L形构造边缘构件连接而成，因此，其纵筋和箍（拉）筋排布规则参照L形构造边缘构件。

| W形构造边缘构件钢筋构造 | | | | | | | | 图集号 | 12G101-4 |
|---|---|---|---|---|---|---|---|---|---|
| 审核 | 吴耀辉 | 吴耀辉 | 校对 | 管桦 | 管桦 | 设计 | 李海元 | 李海元 | 页 | 36 |

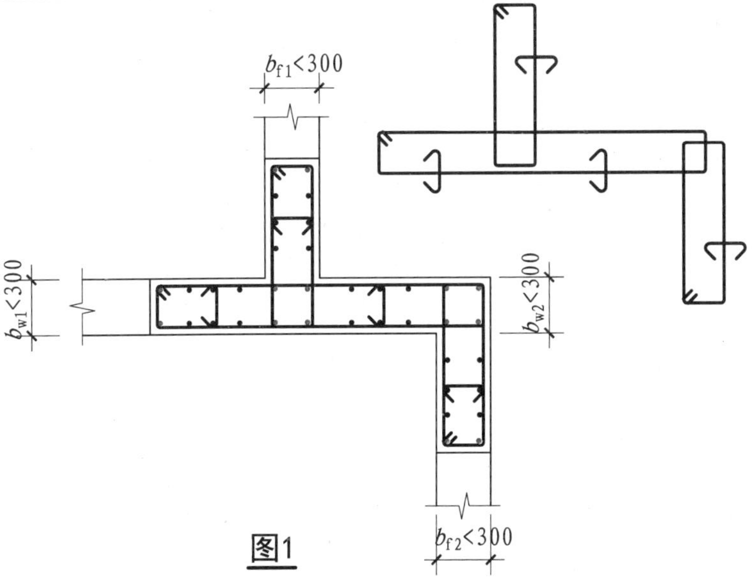


图1

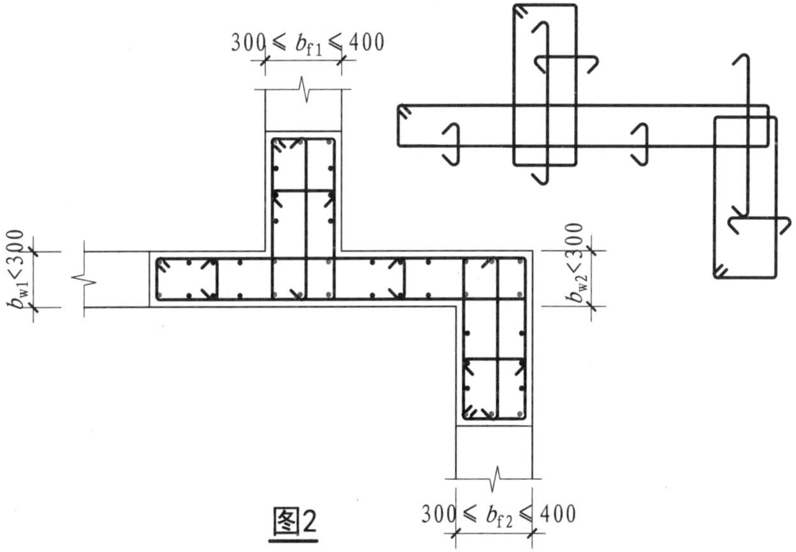


图2

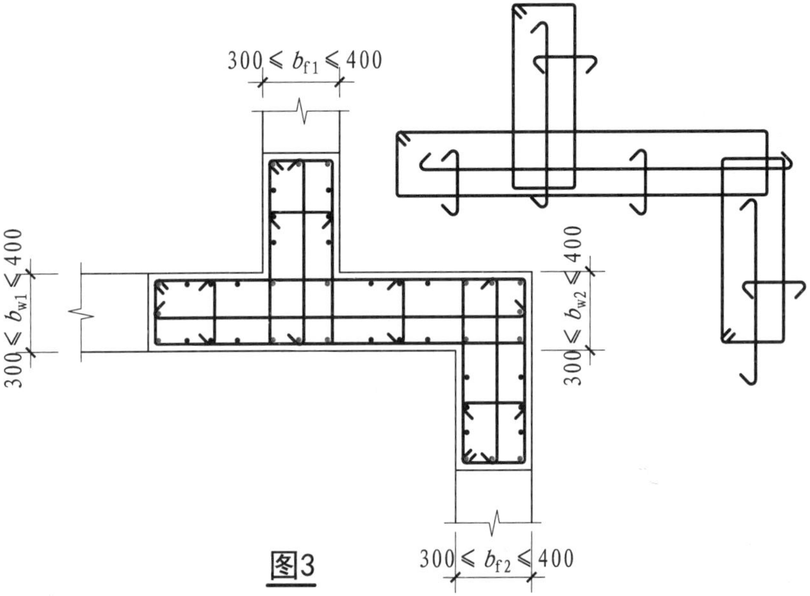


图3

注：1. 图1～图3仅表示构造边缘构件纵筋、箍筋、拉筋的排布规则示意。

2. F型构造边缘构件可看成由一个L形构造边缘构件和一个T形构造边缘构件连接而成，因此，其纵筋和箍（拉）筋排布规则参照L形和T形构造边缘构件。

| F形构造边缘构件钢筋构造 | | | | | | | 图集号 | 12G101-4 |
|---|---|---|---|---|---|---|---|---|
| 审核 | 吴耀辉 | 吴耀辉 | 校对 | 管桦 | 管桦 | 设计 | 李海元 李海元 | 页 | 37 |

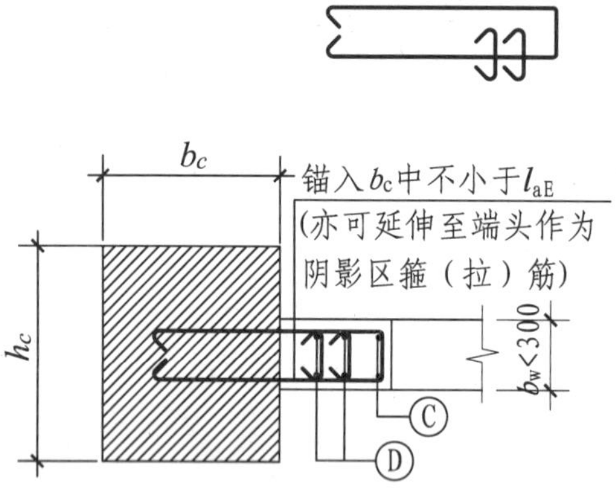


图1 约束端柱钢筋排布

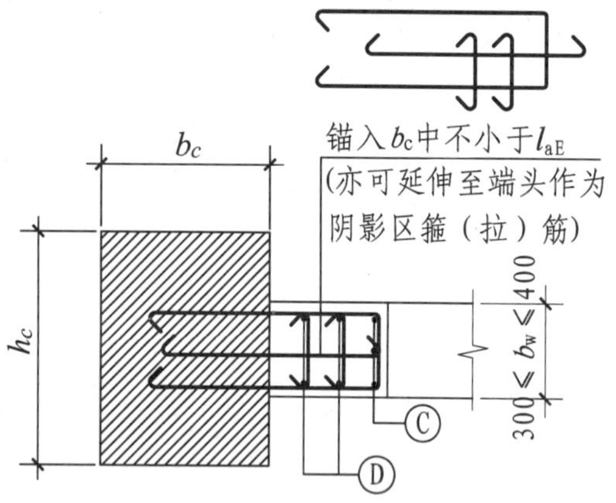


图2 约束端柱钢筋排布

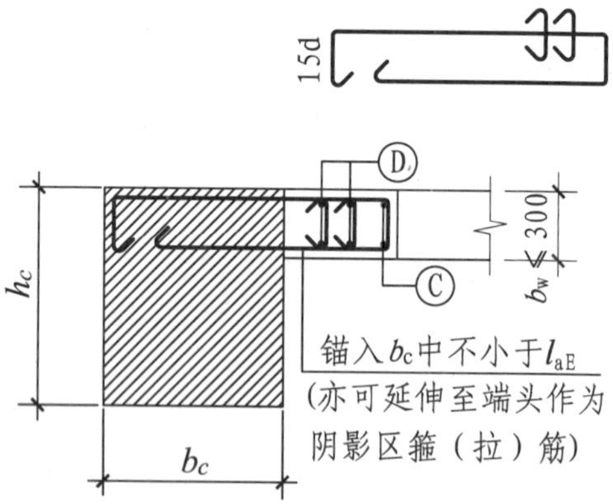


图3 约束端柱钢筋排布

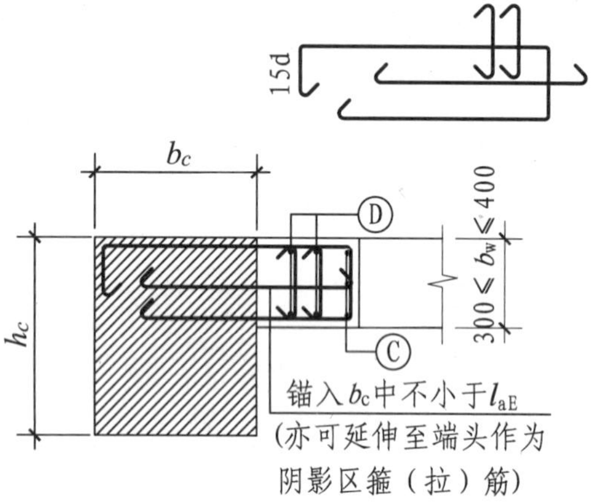


图4 约束端柱钢筋排布

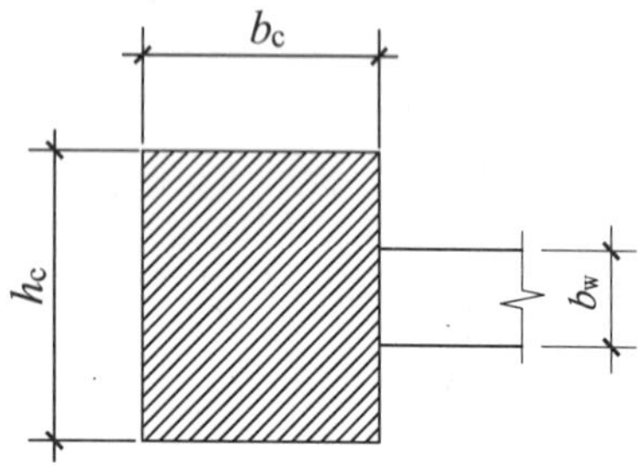


图5 构造端柱钢筋排布

注：1. 端柱中 $b_c \times h_c$ 范围纵筋和箍筋表示方法同图集11G101-1中框架柱的表示方法。
2. Ⓓ钢筋采用拉筋逐排拉结。

| 端柱钢筋构造 | | | | | | | | 图集号 | 12G101-4 |
|---|---|---|---|---|---|---|---|---|---|
| 审核 | 吴耀辉 | 吴耀辉 | 校对 | 李海元 | 李海元 | 设计 | 管桦 | 管桦 | 页 38 |

## 剪力墙分布筋选用表

| s \ bw | 160mm | 180mm | 200mm | 220mm | 250mm | 280mm | 300mm | 320mm | 350mm | 380mm | 400mm |
|---|---|---|---|---|---|---|---|---|---|---|---|
| 100mm | 8(0.63%) | 8(0.56%) | 8(0.50%) | 8(0.45%) | 8(0.40%) | 8(0.36%) | 8(0.33%) | 8(0.31%) | 8(0.29%) | 8(0.26%) | 8(0.25%) |
| | 10(0.98%) | 10(0.87%) | 10(0.78%) | 10(0.71%) | 10(0.63%) | 10(0.56%) | 10(0.52%) | 10(0.49%) | 10(0.45%) | 10(0.41%) | 10(0.39%) |
| | 12(1.41%) | 12(1.25%) | 12(1.13%) | 12(1.03%) | 12(0.90%) | 12(0.81%) | 12(0.75%) | 12(0.70%) | 12(0.64%) | 12(0.59%) | 12(0.56%) |
| 120mm | 8(0.52%) | 8(0.46%) | 8(0.42%) | 8(0.38%) | 8(0.33%) | 8(0.30%) | 8(0.28%) | 8(0.26%) | 10(0.37%) | 10(0.34%) | 10(0.33%) |
| | 10(0.82%) | 10(0.72%) | 10(0.65%) | 10(0.59%) | 10(0.52%) | 10(0.47%) | 10(0.43%) | 10(0.41%) | 12(0.54%) | 12(0.49%) | 12(0.47%) |
| | 12(1.18%) | 12(1.04%) | 12(0.94%) | 12(0.85%) | 12(0.75%) | 12(0.67%) | 12(0.63%) | 12(0.59%) | 14(0.73%) | 14(0.67%) | 14(0.64%) |
| 150mm | 8(0.42%) | 8(0.37%) | 8(0.33%) | 8(0.30%) | 8(0.27%) | 10(0.37%) | 10(0.35%) | 10(0.33%) | 10(0.30%) | 10(0.27%) | 10(0.26%) |
| | 10(0.65%) | 10(0.58%) | 10(0.53%) | 10(0.47%) | 10(0.42%) | 12(0.54%) | 12(0.50%) | 12(0.47%) | 12(0.43%) | 12(0.39%) | 12(0.37%) |
| | 12(0.94%) | 12(0.84%) | 12(0.75%) | 12(0.68%) | 12(0.60%) | 14(0.73%) | 14(0.68%) | 14(0.64%) | 14(0.58%) | 14(0.54%) | 14(0.51%) |
| 180mm | 8(0.35%) | 8(0.31%) | 8(0.28%) | 8(0.25%) | 10(0.35%) | 10(0.31%) | 10(0.29%) | 10(0.27%) | 10(0.25%) | 12(0.33%) | 12(0.31%) |
| | 10(0.54%) | 10(0.48%) | 10(0.43%) | 10(0.39%) | 12(0.50%) | 12(0.45%) | 12(0.42%) | 12(0.39%) | 12(0.36%) | 14(0.45%) | 14(0.43%) |
| | 12(0.78%) | 12(0.69%) | 12(0.63%) | 12(0.57%) | 14(0.68%) | 14(0.61%) | 14(0.57%) | 14(0.53%) | 14(0.49%) | 16(0.59%) | 16(0.56%) |
| 200mm | 8(0.31%) | 8(0.28%) | 8(0.25%) | 10(0.35%) | 10(0.31%) | 10(0.28%) | 10(0.26%) | 10(0.25%) | 12(0.32%) | 12(0.30%) | 12(0.28%) |
| | 10(0.49%) | 10(0.43%) | 10(0.39%) | 12(0.51%) | 12(0.45%) | 12(0.40%) | 12(0.37%) | 12(0.35%) | 14(0.44%) | 14(0.40%) | 14(0.38%) |
| | 12(0.70%) | 12(0.63%) | 12(0.56%) | 14(0.70%) | 14(0.61%) | 14(0.55%) | 14(0.51%) | 14(0.48%) | 16(0.57%) | 16(0.53%) | 16(0.50%) |
| 220mm | 8(0.28%) | 8(0.25%) | 10(0.35%) | 10(0.32%) | 10(0.28%) | 10(0.25%) | 12(0.34%) | 12(0.32%) | 12(0.29%) | 12(0.27%) | 12(0.25%) |
| | 10(0.44%) | 10(0.40%) | 12(0.51%) | 12(0.47%) | 12(0.41%) | 12(0.36%) | 14(0.46%) | 14(0.44%) | 14(0.40%) | 14(0.37%) | 14(0.35%) |
| | 12(0.64%) | 12(0.57%) | 14(0.70%) | 14(0.63%) | 14(0.56%) | 14(0.50%) | 16(0.61%) | 16(0.57%) | 16(0.52%) | 16(0.48%) | 16(0.45%) |
| 250mm | 8(0.25%) | 10(0.35%) | 10(0.31%) | 10(0.28%) | 10(0.25%) | 12(0.32%) | 12(0.30%) | 12(0.28%) | 12(0.26%) | 14(0.32%) | 14(0.31%) |
| | 10(0.39%) | 12(0.50%) | 12(0.45%) | 12(0.41%) | 12(0.36%) | 14(0.44%) | 14(0.41%) | 14(0.38%) | 14(0.35%) | 16(0.42%) | 16(0.40%) |
| | 12(0.56%) | 14(0.68%) | 14(0.61%) | 14(0.56%) | 14(0.49%) | 16(0.57%) | 16(0.53%) | 16(0.50%) | 16(0.46%) | 18(0.53%) | 18(0.51%) |
| 280mm | 10(0.35%) | 10(0.31%) | 10(0.28%) | 10(0.25%) | 12(0.32%) | 12(0.29%) | 12(0.27%) | 12(0.25%) | 14(0.31%) | 14(0.29%) | 14(0.27%) |
| | 12(0.50%) | 12(0.45%) | 12(0.40%) | 12(0.37%) | 14(0.44%) | 14(0.39%) | 14(0.36%) | 14(0.34%) | 16(0.41%) | 16(0.38%) | 16(0.36%) |
| | 14(0.68%) | 14(0.61%) | 14(0.55%) | 14(0.50%) | 16(0.57%) | 16(0.51%) | 16(0.48%) | 16(0.45%) | 18(0.52%) | 18(0.48%) | 18(0.45%) |
| 300mm | 10(0.33%) | 10(0.29%) | 10(0.26%) | 12(0.34%) | 12(0.30%) | 12(0.27%) | 12(0.25%) | 14(0.32%) | 14(0.29%) | 14(0.27%) | 14(0.25%) |
| | 12(0.47%) | 12(0.42%) | 12(0.37%) | 14(0.46%) | 14(0.41%) | 14(0.36%) | 14(0.34%) | 16(0.42%) | 16(0.38%) | 16(0.35%) | 16(0.33%) |
| | 14(0.64%) | 14(0.57%) | 14(0.51%) | 16(0.61%) | 16(0.53%) | 16(0.48%) | 16(0.44%) | 18(0.53%) | 18(0.48%) | 18(0.44%) | 18(0.42%) |

注：1. 本表表示剪力墙不同墙厚、分布筋间距、分布筋直径对应的配筋率。
2. 表中bw表示剪力墙厚度；s表示剪力墙分布筋间距。
3. 表中配筋率均按照剪力墙为2排配筋进行计算。

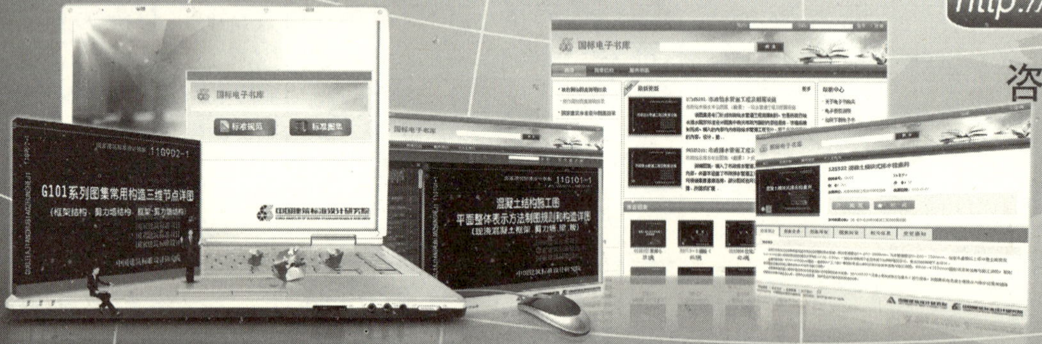